广东推动珠三角核心区
海洋经济高质量发展路径研究

李 宁　谢 凡　王 琰　等 著
杜 军　张玉强

U0202263

海洋出版社

2024 年·北京

图书在版编目（CIP）数据

广东推动珠三角核心区海洋经济高质量发展路径研究 /
李宁等著 . — 北京：海洋出版社，2024. 9. — ISBN
978-7-5210-1305-4

Ⅰ . P74；F127.65

中国国家版本馆 CIP 数据核字第 2024WH5823 号

责任编辑：王　溪
责任印制：安　淼

海洋出版社　出版发行

http : //www.oceanpress.com.cn

北京市海淀区大慧寺路 8 号　邮编：100081

鸿博昊天科技有限公司印刷　新华书店经销

2024 年 12 月第 1 版　2024 年 12 月第 1 次印刷

开本：787mm×1092mm　1/16　印张：12.5

字数：200 千字　定价：90.00 元

发行部：010-62100090　总编室：010-62100034

海洋版图书印、装错误可随时退换

本书主要编写成员名单

本书顾问： 严金辉　自然资源部南海发展研究院院长

　　　　　　宁　凌　广东海洋大学副校长

编写人员： 王　琰　刘雅莹　孙兴年　严金辉

　　　　　　杜　军　李　宁　杨黎静　张玉强

　　　　　　陈　蕾　陈翔宇　罗伍丽　黄英明

　　　　　　黄芝凤　崔聪慧　蒋逸明　谢素美

　　　　　　谢　凡　雷建锋　魏　巍

前　言

进入新时代以来，党中央深刻剖析国内外经济社会发展情况、洞悉世界未来发展潮流，相继做出系列重要指示批示，发布实施系列重要规划和政策文件，推动"发展海洋经济""加快建设海洋强国"战略部署落地落实。以广州、深圳和珠海为代表的珠三角核心区是我国改革开放前沿阵地，在全国经济社会发展全局中具有重要地位，习近平总书记以宏大战略视野，亲自谋划、亲自部署、亲自推动了粤港澳大湾区建设。2017 年 7 月 1 日，在习近平总书记亲自见证下，国家发展和改革委员会与粤港澳三地政府签署了《深化粤港澳合作 推进大湾区建设框架协议》。党的十九大报告明确提出支持香港、澳门融入国家发展大局，以粤港澳大湾区建设、粤港澳合作、泛珠三角区域合作等为重点，全面推进内地同香港、澳门互利合作。2019 年 2 月，中共中央、国务院印发了《粤港澳大湾区发展规划纲要》，明确提出了"大力发展海洋经济""共建粤港澳合作发展平台"等重要任务。

2022 年，珠三角核心区以不到 1% 的国土面积取得超过 10% 的国内生产总值（GDP）贡献率，是我国开放程度最高、经济活力最强的区域之一。联同港澳在内形成的粤港澳大湾区天然具有"海洋"基因，推动海洋经济高质量发展是促进珠三角核心区经济和社会发展提质增效、转型升级、共建共荣的关键一招，也承载着在全国率先探索海洋经济高质量发展的重大历史使命。作为全国第一海洋经济大省，广东省高度重视珠三角核心区发展和全省海洋经济发展，近年来陆续发布了《关于贯彻落实〈粤港澳大湾区发展规划纲要〉的实施意见》《关于构建"一核一带一区"区域发展新格局促进全省区域协调发展的意见》《广东省推进粤港澳大湾区建设三年行动计划（2018—2020年）》《广东省海洋经济发展"十四五"规划》等重要政策和规划文件。其中，《关于构建"一核一带一区"区域发展新格局促进全省区域协调发展的意见》中明确提出广州、深圳和珠海等9市所在的珠三角地区是引领全省发展的核心区和主引擎，主要任务是"重点对标建设世界级城市群，推进区域深度一体化，加快推动珠江口东西两岸融合互动发展，携手港澳共建粤港澳大湾区，打造国际科技创新中心，建设具有全球竞争力的现代化经济体系，培育世界级先进制造业集群，构建全面开放新格局，率先实现高质量发展，辐射带动东西两翼地区和北部生态发展区加快发展。"在全国迈向第二个百年奋斗目标的关键历史节点，以珠三角核心区建设为契机推动粤港澳大湾区建设和海洋经济高质量发展，对广东而言具有十分重要的理论探索意义和实践指导作用。

推动珠三角核心区海洋经济高质量发展是一个系统性大工程。本书重点从珠三角核心区海洋经济高质量发展评价、科技创新促进海洋产业生态化发展、海洋资源开发与管控、生态产业化推动美丽湾区建设和金融支持海洋经济发展等5个方面进行了研究和探索。

一是较为系统地梳理了珠三角核心区海洋经济高质量发展的内涵，并初步构建了具有一定科学性、系统性、全面性特征的海洋经济高质量发展评价指标体系，初步编制了珠三角核心区海洋经济高质量发展评价技术规范性文件。

二是以分析科技创新促进海洋产业生态化发展的推进机制和影响因素入手，结合广东省海洋产业生态化发展的要求、现状及存在的问题，探讨了海洋产业生态化发展的实施路径，并提出了以科技创新引领海洋六大产业生态化发展的策略建议。

三是基于海洋资源的分类、分布和功能等内容，探讨海洋资源高质量开发的趋势及管控的基本路径。继而，结合珠三角核心区海洋资源开发与管控的现状和问题，在借鉴世界知名湾区和发达国家经验的基础上，提出促进珠三角核心区海洋资源高质量开发与管控的战略选择和具体对策。

四是通过对比剖析浙江安吉和美国湿地银行等国内外生态产业化典型案例，结合珠三角核心区海洋生态产业发展总体现状、基础和优势，将"生

态 +" 理念融入珠三角核心区建设和海洋经济发展全过程,提出珠三角核心区海洋生态产业的发展方向和路径,以及通过完善产业顶层设计、强化市场运作、加强科技创新等途径提升海洋生态产业化发展水平的政策建议,以期助力湾区建设。

五是梳理我国在海洋领域的金融支持政策,分析目前金融促进海洋经济发展存在的问题。通过借鉴世界著名湾区和发达国家海洋金融业发展的有益经验,提出金融助力海洋六大产业培育发展、推动海洋传统产业转型升级的实践路径。

本书的顺利完成,要感谢自然资源部南海局机关和局属各单位的正确指导和大力支持。此外,还要感谢广东省各级自然资源主管部门的鼎力相助和高效配合,以及 2020 年广东省省级促进经济高质量发展专项资金项目(粤自然资合〔2020〕060 号)、2022 年度国家社会科学基金重大项目(22&ZD126)的资助。海洋出版社各位编辑在本书出版全过程中提供了专业的出版服务,在此特别深表谢意!

我们深知,推动珠三角核心区海洋经济高质量发展是一个庞大的、复杂的系统工程,涉及海洋经济发展的各相关领域工作,并且实践是逐步推动的,故理论探索更不可能一蹴而就,必然会随着实践的发展不断进行创新。由于理论水平、实践认知等方面的局限,我们的研究还存在着各种不足之处,恳请广大读者批评指正。

作 者

2023 年 10 月

目 录

1 研究总论 ·· 1

　　1.1 研究背景 ··· 1

　　1.2 研究意义 ··· 2

　　1.3 研究目标 ··· 6

　　1.4 技术路线 ··· 9

2 海洋经济高质量发展研究现状 ····································· 11

　　2.1 经济高质量发展的研究现状 ······························· 11

　　2.2 海洋经济高质量发展研究现状 ··························· 15

　　2.3 粤港澳大湾区高质量发展研究现状 ··················· 17

　　2.4 现有研究的启示及不足 ····································· 20

　　2.5 珠三角核心区海洋经济高质量发展内涵及目标 ······ 22

3 珠三角核心区海洋经济高质量发展现状及存在的问题 ······ 27

　　3.1 总体发展情况 ··· 27

　　3.2 科技引领海洋产业生态化发展现状分析 ············· 40

　　3.3 海洋资源开发、保护与管控现状分析 ··············· 46

　　3.4 海洋生态产业化发展现状分析 ··························· 55

　　3.5 多层次金融支持海洋产业高质量发展现状分析 ······ 63

4 国内外海洋经济高质量发展典型案例经验借鉴 ······ 83

　　4.1 科技引领海洋产业生态化发展经验借鉴 ············· 83

　　4.2 海洋资源开发与管控经验借鉴 ··························· 86

　4.3　海洋生态产业化经验借鉴 ……………………………………… 91

　4.4　海洋金融支持海洋经济发展经验借鉴 ……………………… 108

5　推动珠三角核心区海洋经济高质量发展的对策 ……………… 119

　5.1　科技创新引领海洋产业生态化发展对策 ……………………119

　5.2　海洋资源高质量开发与管控对策 …………………………… 122

　5.3　生态产业化促进美丽核心区建设对策 ……………………… 127

　5.4　多层次金融支持海洋产业发展对策 ………………………… 129

6　珠三角核心区海洋经济高质量发展综合评价 ………………… 138

　6.1　指标体系构建 ………………………………………………… 138

　6.2　发展指数计算方法 …………………………………………… 143

　6.3　珠三角核心区海洋经济高质量发展指数实证分析 ………… 144

　6.4　评价工作存在的主要困难 …………………………………… 148

　6.5　评价标准与技术指南内容设计 ……………………………… 150

7　广东推动珠三角核心区海洋经济高质量发展的路径 ………… 156

　7.1　构建完善珠三角核心区合作机制和科学评价机制 ………… 156

　7.2　打造科技创新引领的海洋产业生态化发展模式 …………… 159

　7.3　推动海洋资源高质量开发与管控 …………………………… 163

　7.4　推动海洋生态产业化发展 …………………………………… 165

　7.5　推动海洋金融支持海洋经济发展 …………………………… 170

8　结论与展望 …………………………………………………… 178

　8.1　研究结论 ……………………………………………………… 178

　8.2　工作展望 ……………………………………………………… 181

参考文献 ………………………………………………………… 182

1 / 研究总论

1.1 研究背景

2019 年 7 月，广东省委、省政府印发《关于构建"一核一带一区"区域发展新格局促进全省区域协调发展的意见》(以下简称《意见》)，明确指出："一核"即珠三角地区，是引领全省发展的核心区和主引擎。该区域包括广州、深圳、珠海、佛山、惠州、东莞、中山、江门、肇庆 9 市。主要目标是"……携手港澳共建粤港澳大湾区，打造国际科技创新中心，建设具有全球竞争力的现代化经济体系，培育世界级先进制造业集群，构建全面开放新格局，率先实现高质量发展……"。《意见》提出了"强化珠三角核心引领带动作用""推动珠三角地区产业高端化发展"等重点任务，并提及"重点支持珠三角地区……海洋经济发展"。可以看出，珠三角核心区的发展建设在广东省全面推进海洋强省建设、打造海上新广东及推动区域协调发展的过程中作用十分关键。珠三角核心区建设是加快粤港澳大湾区建设的重要推动力量。

粤港澳大湾区是具有全局性意义的区域重大战略。党的十九大报告明确提出支持香港、澳门融入国家发展大局，以粤港澳大湾区建设、粤港澳合作、泛珠三角区域合作等为重点，全面推进内地同香港、澳门互利合作。2019 年 2 月，中共中央、国务院印发的《粤港澳大湾区发展规划纲要》(以下简称《规划纲要》)，明确提出了充满活力的世界级城市群、具有全球影响力的国际科技创新中心、"一带一路"建设的重要支撑、内地与港澳深度合作示范区、宜居宜业宜游的优质生活圈五大战略定位，并提出了最新的时代要求和更详细的工作任务。《规划纲要》专门设立一节论述"大力发展海洋经济"，全篇 30 余次提及"海洋"这一核心关键词，涉及培育战略性新兴产业、大力发展海洋经济和共建粤港澳合作发展平台等重点领域。

海洋是高质量发展战略要地。海洋的整体性、流动性、开放性在某种程度上可跨越行政区划与市场分割，促进珠三角核心区经济一体化和生产要素国际流动。"拥湾抱海"的区位条件、丰富多样的海洋资源决定着珠三角核心区进一步迈向深蓝发展成为历史必然。起源于制造业生产基地的珠三角核心区，经过 40 余年的快速发展，海洋经济已经成为珠三角核心区国民经济的重要组成部分和新兴增长极。但与此同时，海洋产业发展科技含金量不高、生产性高端服务业规模偏小、近岸海洋生态环境不容乐观、资源开发利用不尽合理、海洋协同治理机制不完善等多重约束逐步加剧，人民群众对绿色宜居宜业品质的要求也在不断提升，已不容许珠三角核心区内再发展高能耗、高排放的海洋产业。未来珠三角核心区能否促进海洋经济由高速增长向高质量发展转变，实现粤港澳大湾区内优势互补，产生"9+2 > 11"的叠加效应，决定着粤港澳大湾区能否成为具标杆性、引领性的世界第四大湾区，能否更主动参与国际生产分工并融入国家"一带一路"发展大局。在这个关键的历史节点，珠三角核心区能否抓住战略机遇期，携手港澳，推动粤港澳大湾区海洋经济高质量发展，也是广东省改革开放再出发，以高标准构建开放型经济新体系、迈向高质量发展"领头羊"的关键所在。

1.2 研究意义

在上述背景下研究广东省如何推动珠三角核心区海洋经济高质量发展，具有重大的理论意义和实践意义。

（1）丰富了相关理论研究

本研究拟以科学推进海洋经济高质量发展为主要目标，在推动珠三角核心区建设这一背景下对海洋经济高质量发展的概念范畴进行科学界定，进而编制基于湾区视角的海洋经济高质量发展评价指标体系、发展指数和评价技术规范建议，并从海洋资源管控及开发、科技创新引领产业发展、美丽湾区建设、多层次金融支持等若干重点角度进行研究，提出推动海洋经济高质量发展的政策建议。这项工作可为统筹推进"五位一体"总体布局、促进广东海洋经济发展方式转变和提高海洋经济发展质量提供理论支持，也是贯彻落实党的十九大提出的"加快海洋强国建设"和"粤港澳大湾区建设"两大战略部署的迫切需要。

本研究也是构建珠三角核心区海洋经济高质量发展理论的客观需求。在珠三角核心区建设背景下，实现海洋经济高质量发展是否存在客观标准和条件，目前学术界仍没有定论。本研究围绕珠三角核心区海洋经济高质量发展总目标，精细化分解海洋经济高质量发展主要指标及指标之间的内在联系及相关影响要素，设计现阶段评价海洋经济高质量亟须的涵盖经济、区域、产业、资源、科技、金融、生态等领域的指标体系，开展海洋经济高质量发展评价方法研究，并构建海洋经济高质量发展指数，编制湾区海洋经济高质量发展评价技术规范。上述研究对深化认识湾区海洋经济高质量发展具有促进作用，可以为构建以湾区为单位的海洋经济高质量发展的理论体系、评价体系和政策体系提供技术支撑。

（2）有利于贯彻中央指示精神和广东省重要部署

一是有利于贯彻落实党的十九大提出的重大发展战略。党的十九大、二十大报告在党的十八大报告的基础上进一步提出了"加快建设海洋强国"，同时也提出了"以粤港澳大湾区建设、粤港澳合作、泛珠三角区域合作等为重点，全面推进内地同香港、澳门互利合作""推进粤港澳大湾区建设，支持香港、澳门更好地融入国家发展大局"等要求。广东省作为海洋大省，海洋资源丰富，经济基础良好，发展潜力巨大，海洋经济总量连续20多年居全国首位，在全国海洋经济发展总体格局中具有举足轻重的地位。在新的时代背景下，广东省积极贯彻落实党的二十大和二十届二中、三中全会精神，加快推动海洋经济高质量发展和粤港澳大湾区建设，力求在全国各沿海省份加快海洋经济发展的历史进程中起到引领和表率作用。

二是有利于贯彻落实习近平总书记重要指示精神。2018年3月，中共中央总书记、国家主席、中央军委主席习近平在参加十三届全国人大一次会议广东代表团审议时对广东提出了"四个走在全国前列"①的明确要求。2019年10月，习近平总书记在致2019中国海洋经济博览会的贺信中明确指出，"海洋是高质量发展战略要地。"2022年1月，习近平总书记在新年贺词中强调，祖国一直牵挂着香港、澳门的繁荣稳定。只有和衷共济、共同努力，"一国两制"才能行稳致远。2023年4月，习近平总书记考察广东时强调，广东要在全面深化改革、扩大高水平对外开放、提升科技自立自强能力、建设现代化产业体系、促进城乡区域协调发展等方面继续走在全国前列，在推进中国式现代化建设中走在前列；要把粤港澳大湾区建设作为广东深化改革开放的大机遇、大文章抓紧做实，摆在重中之重，以珠三角为主阵地，举全省之力办好这件大事，使粤港澳大湾区成为新发展格局的战略支点、高质量发展的示范地、中国式现代化的引领地。

习近平总书记的重要指示批示是当前和今后一个时期广东推动海洋经济发展、以珠三角核心区为主推进粤港澳大湾区建设必须长期坚持的根本遵循和行动指南。在广东经济社会发展全局中，海洋经济已经成为重要的新兴增长极。海洋经济具有天然的外向型特征，是维持外向型经济格局和我国经济稳定的重要载体。但是，海洋经济"高投入、高风险、高回报"的特征又促使其对资源利用、金融支持、科技创新、生态环保等领域的要求越来越高。所以广东推动珠三角核心区海洋经济高质量发展，推动粤港澳大湾区建设，发挥海洋优势助力香港、澳门融入国家发展大局，能够为贯彻落实习近平总书记系列重要指示批示精神提供坚实保障。

三是有利于推动落实广东省委、省政府战略部署。在珠三角核心区建设各项任务中，推动海洋经济高质量发展是一项长期的系统工程，需统筹规划、有序实施。改革开放40余年来，广东特别是珠三角核心区的海洋经济发展取得了巨大的历史成就，但也面临着海洋资源管控力度不足、产业结构亟须优化升级、生态资源环境恶化和金融支撑较为薄弱等

---

① "四个走在全国前列"指的是在构建推动经济高质量发展的体制机制上走在全国前列，在建设现代化经济体系上走在全国前列，在形成全面开放新格局上走在全国前列，在营造共建共治共享社会治理格局上走在全国前列。

不容忽视的问题，亟须在实践中加以解决。本研究通过编制海洋经济高质量发展评价体系和发展指数，力图科学地阐述珠三角核心区海洋经济高质量发展的现状，并在促进发展海洋经济、优化产业布局、提高海洋资源管控能力、遏制海洋环境恶化和提高金融支撑力度等方面提出有效的政策建议，可对广东加快推动由珠三角地区、沿海经济带、北部生态发展区构成的"一核一带一区"区域发展新格局，推进海洋经济发展方式转变、提高海洋经济发展的质量和效率、促进海洋经济可持续长远发展提供一定引导作用。

（3）经济社会环境效益显著

① 经济效益

本研究尝试深入把握广东推动海洋经济发展的脉络，通过海洋科技创新引领，探讨如何提高海洋资源利用效率，促进海洋产业生态化，增强广东推动珠三角核心区海洋经济发展的源动力。这有利于通过有效提升海洋产业合理布局、海洋产业转型升级以促进珠三角核心区内海洋资源高效、合理配置，提高海洋产业及相关产业的效率，进一步提升广东省海洋经济的整体竞争力。基于本研究形成的《关于"十四五"期间广东海洋经济高质量发展的建议》刊登在《南方智库专报》并呈送广东省委、省政府、省人大和省政协领导；《大力推进海洋新能源产业高质量发展》作为 2022 年第十三届全国人民代表大会第五次会议期间提交的代表提案由全国人大转交国家有关部门进行办理，为广东推动珠三角核心区和粤港澳大湾区海洋经济发展、重点海洋产业提质增效贡献了蓝色智慧，产生了间接的、良好的经济效益。

② 社会效益

本研究通过开展科技创新引领、产业生态化发展、海洋资源开发利用管控及涉海金融资本支持等领域的分析探讨，提出促进珠三角核心区海洋经济高质量发展的路径，这不仅有利于广东省巩固改革开放的排头兵地位，加快由海洋大省向海洋强省转变，建成"代表我国参与全球海洋经济竞争的核心区"的战略目标，而且有利于进一步推进珠三角核心区海洋治理体系与治理能力现代化。本研究形成的《关于"十四五"期间广东海洋经济高质量发展的建议》《大力推进海洋新能源产业高质量发展》

等政策建议分别呈送有关机构，为构建广东省发展海洋经济、建设海洋强国和海洋强省的良好社会氛围做出了努力。因此，本研究取得的社会效益明显。

③ 环境效益

本研究系统研究了科技创新引领海洋产业生态化、生态产业化和海洋资源开发与管控等关键问题，有利于保护珠三角核心区内海洋自然资源和生态环境，全面提高自然资源利用效率，打通"绿水青山和"金山银山"双向转化通道，进一步贯彻落实国家生态文明体制改革。同时，通过提高海洋空间治理能力，促进珠三角核心区绿色宜居品质的提升，有利于增进珠三角核心区人民福祉，不断满足人民对美好生活的向往。2020 年 9 月，基于本研究形成的政策建议《基于生态产业化模式的海洋生态产品价值实现机制》发表于"中国海洋发展研究中心"微信公众号，探讨了推动海洋生态产业化的必要条件和实现机制，为广东在珠三角核心区内开展相应工作提供了借鉴参考。因此，本研究的生态环境效益也是较为可观的。

④ 可持续发展效益

珠三角核心区海洋经济高质量发展是一项长期性、系统性的工程。从研究的角度来看，珠三角核心区与粤港澳大湾区是高度关联的两个概念。2019 年 2 月，中共中央、国务院印发的《粤港澳大湾区发展规划纲要》提出了 2022 年和 2035 年两个时间阶段的发展目标，并且在空间布局、科技创新、基础设施、现代产业体系、生态文明、"一带一路"、粤港澳合作发展等方面提出了一系列工作部署，这对本研究具有直接的指导意义。本研究聚焦于广东从海洋经济视角推动珠三角核心区发展战略，因此，伴随着粤港澳大湾区建设的历史实践不断推进，在研究内容的广度、深度以及时间跨度上，均具有良好的可持续发展效益。

1.3 研究目标

1.3.1 总体目标

本研究拟以科学推进珠三角核心区建设为切入点，精细化梳理海洋经济高质量发展的总体目标，初步构建较为科学、系统、全面的珠三角核心区海洋经济高质量发展评价指标体系，形成具有推广意义的基于湾区视角的海洋经济高质量发展评价规范文件，并以此为基础，从海洋资源管控、海洋战略新兴产业生态化发展、生态环保产业化发展、多层次金融体系支持等角度提出推动珠三角核心区海洋经济高质量发展的政策建议，充分发挥海洋经济高质量发展在珠三角核心区建设中的重要作用，推进海洋成为珠三角核心区高质量发展的战略要地。

1.3.2 具体目标

（1）提出基于湾区视角的海洋经济高质量发展评价技术规范

首先，既立足代表性的相关理论知识，又结合海洋经济工作和珠三角核心区发展实际，选取具有代表性的、较为全面、相互联系、相互补充的指标，同时尽可能缩小各指标之间的信息冗余度，构建具有层次性、结构性、完整性的指标体系。其次，收集相关数据并进行筛选、处理，运用主客观相结合的赋权方法确定指标权重，计算珠三角核心区海洋经济高质量发展指数，对珠三角核心区海洋经济高质量发展程度进行测评研究。最后，基于粤港澳大湾区海洋经济发展实际，规划设计基于湾区视角的海洋经济高质量发展评价规范，为后续编制具有推广意义的湾区海洋经济高质量评价技术标准奠定良好的研究基础。

（2）实现科技创新引领珠三角核心区海洋六大产业生态化发展

首先，分析广东省海洋六大产业生态化发展的现状，总结广东省海洋产业生态化发展的特征、优势、短板，结合海洋产业生态化演化发展的规律找准广东省海洋六大产业生态化发展的需求和突破口。其次，梳理科技促进产业生态化发展的几种基本模式，研究其基本思路、组织模式和政策支持等内容，旨在提供经验借鉴。再次，分析科技创新促进海洋六大产业生态化发展的基本原理、影响因素、动力机制和路径突破等演化机制内容。最后，研究广东省海洋六大产业生态化发展路径安排，并给出相应的对策建议。

（3）形成珠三角核心区海洋资源高质量开发管控新局面

在全面梳理粤港澳三地海洋资源分布、开发管控现状及面临问题的基础上，借鉴国际一流湾区海洋资源开发管控的现实需求、管理制度、区域合作机制以及政策措施，形成策略经验，根据海洋空间规划要求，按照主体功能区定位，明确珠三角核心区岸线资源、海域资源、海岛资源、航道资源等多个单元的开发现状，对其进行优化开发、重点开发、限制开发、禁止开发的分级分类管控，并厘清三地政府在海洋资源开发管控方面的职责，进而从海洋资源整体性和生态系统完整性角度出发，开展珠三角核心区海洋资源综合管控制度、区域合作和措施建议等方面的研究，提出珠三角核心区海洋资源管控对策。

（4）助推珠三角核心区海洋生态产业化发展

选择国内外生态产业化代表性案例进行对比分析，总结生态产业化发展模式和发展经验，提出海洋生态产业化的内涵、外延以及内在要求，在此基础上，具体分析国内特别是珠三角核心区海洋生态产业化发展的现状及存在的问题，结合国内外生态产业化发展的先进经验，寻找符合珠三角核心区发展实际的海洋生态产品价值实现路径、探索珠三角核心区海洋生态产业化发展方向和发展模式，重点聚焦于生态旅游、生态渔业、可再生能源利用等产业方向，结合广东已有的相关政策提出广东省推动珠三角核心区海洋生态产业化的施策方向和相关建议。

（5）建设多层次金融支持海洋产业高质量发展体系

首先，分析目前我国在海洋领域的金融支持政策、实效和存在问题及金融支持珠三角核心区海洋经济发展的政策需求。其次，总结梳理世界著名湾区和发达国家金融支持海洋经济发展的特点、发展模式等成果经验，为珠三角核心区金融支持海洋经济高质量发展提供参考借鉴。再次，充分发挥珠三角核心区发展优势，探索"金融＋新兴产业"的发展模式，提出适合珠三角核心区金融助力海洋六大产业发展的路径和策略。最后，发挥港澳金融优势，探索港澳金融机构参与并融入珠三角核心区海洋经济发展的合作机制，寻找实现珠三角核心区海洋金融开放合作的路径。

1.4 技术路线

本研究从"什么是海洋经济高质量发展"这一问题切入，通过探索

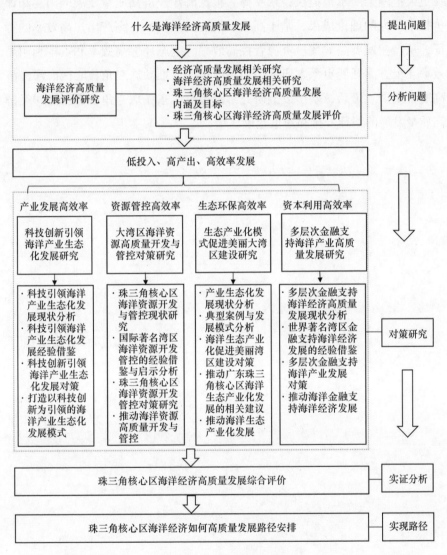

图 1.4-1 研究技术路线图

研究珠三角核心区海洋经济高质量发展的内涵、构建珠三角核心区海洋经济高质量发展评价指标体系和发展指数，形成珠三角核心区海洋经济高质量评价技术规范文件，为本研究奠定理论框架基础，也为本课题研究成果在更大范围推广示范提供技术支撑。根据海洋经济高质量发展的内涵和评价技术研究的理论成果，基于高质量发展的低投入、高产出、高效率的特征，从产业发展高效率、资源管控高效率、生态环保高效率和资本利用高效率4个方面开展更深入研究，回答广东如何推动珠三角核心区海洋经济高质量发展。最后，基于以上研究结论提出广东在珠三角核心区海洋经济高质量发展的路径安排和对策建议。

2 海洋经济高质量发展研究现状

"海洋经济高质量发展"的概念，来源于国民经济高质量发展。因此，要较为科学、准确地理解"珠三角核心区海洋经济高质量发展"这一概念，需要遵循层层递进的理论逻辑，在大量的文献梳理过程中，从"经济高质量发展"到"海洋经济高质量发展"再到"珠三角核心区海洋经济高质量发展"逐步深入研究。

2.1 经济高质量发展研究现状

关于经济高质量发展的定义目前没有确定统一的认识，国内学术界具有代表性的观点共有 4 种。第一种观点认为，一个国家或地区经济的增长，既包括数量的扩大也包括经济系统素质的改善。经济系统素质的改善被称为经济增长的质量，并以投入要素的产出效率（生产率）来衡量[1]。第二种观点把经济增长方式从粗放式向集约式的进化视为经济增长质量的提高，把经济增长方式从集约式向粗放式的退化视为增长质量的降低[2]。第三种观点认为经济增长质量是指一个国家伴随着经济的数量增长，在经济、社会和环境等诸多品质方面表现出来的优劣程度。相应地，经济增长质量包括经济运行质量、居民生活质量和生存环境质量[3]。第四种观点认为经济增长质量是指一个经济体在经济效益、经济潜力、经济增长方式、社会效益、环境等诸多品质方面表现出的与经济数量扩张路径的一致性和协调性。经济增长质量的内涵体现了经济系统的发展水平、经济效益、增长潜能、稳定性、环境质量成本、竞争能力、人民生活和信息化等多个方面[4, 5]。可以看出，关于经济高质量发展的理解在逐步深入，由原先仅仅关注经济要素利用效率的提升，逐步扩大到社会发展、生态环境、区域协调等多领域。

《中共中央关于党的百年奋斗重大成就和历史经验的决议》①强调，必须实现创新成为第一动力、协调成为内生特点、绿色成为普遍形态、开放成为必由之路、共享成为根本目的的高质量发展。刘鹤[6]副总理于2021年11月24日在人民日报上发表了《必须实现高质量发展》一文，为我们理解什么是高质量发展、怎样实现高质量发展提供了更加权威的解读。他认为，实现高质量发展是我国经济社会发展历史、实践和理论三个层面的统一，其内涵就是体现新发展理念的发展，必须坚持创新、协调、绿色、开放、共享发展相统一。高质量发展的特征包括以人民为中心、宏观经济稳定性增强、富有竞争力的企业、创新驱动、坚持市场化法治化国际化、生态优先绿色发展。其实现动力和保障是要加快构建新发展格局、要以深化供给侧结构性改革为主线、要始终坚持改革开放、要始终坚持"两个毫不动摇"。

国外学者对经济增长质量内涵的理解一般分为2种：一种是狭义的理解，简单地认为经济增长质量就是经济增长效率，如全要素生产率[7]和增加值率[8]，忽视了经济的持续发展和稳定发展等；另一种是广义的理解，认为经济增长质量是经济增长数量发展到一定程度的必然结果，具有非常丰富的内涵，需要通过多维度的指标体系来综合反映。代表性观点有：Thomas[9]认为，经济增长质量在经济增速的基础上还应包括福利分配、生态环境、风险抵抗以及政府治理等。Barro[10]从一个宽泛的概念角度认为，经济增长质量应当涵盖预期寿命、生育率、环境条件、社会福利、政治制度和宗教信仰等内容。Qi[11]从规模、绩效、结构和协调方面对经济增长质量进行测度。Eriksson[12]从空间的角度探究海湾地区的技术进步是否能够促进区域经济增长问题，研究发现空间距离、空间关联性等因素对湾区的技术外溢具有重要的作用，并且较短的距离与较强的空间关

---

① 该决议于2021年11月11日中国共产党第十九届中央委员会第六次全体会议审议通过。

联性能提高技术溢出效应，对区域经济增长的作用更强。Zahra Jalili[13]通过整合多个渠道重新评估资源与区域经济增长的关系，石油租金促进了经济增长。在所考察的国家中，治理在经济增长中的作用非常重要，金融发展在资源增长关系中不是一个重要的渠道，因为它通常无法将石油租金从政府调动到石油丰富国家的私营部门。

促进经济高质量发展研究方面，林兆木[14]提出我国经济高质量发展是能够更好满足人民日益增长的美好生活需要的发展，是体现创新、协调、绿色、开放、共享发展理念的发展，也应是生产要素投入少、资源配置效率高、资源环境成本低、经济社会效益好的发展。当前我国经济处于开始转向高质量发展阶段，党的十九大报告强调推动经济高质量发展是当今经济发展的根本要求。袁晓玲等[15]从我国经济高质量发展现状出发，探讨了目前经济高质量发展存在的困惑，针对经济高质量发展缺乏系统的理论结构、指标评价系统不一致、研究层面不充分等问题展开分析并提出了建议。余泳泽等[16]则从具体产业带动经济发展方面总结了当前的发展困境，包括产业结构有待调整和升级、产品质量和生产效率还有待提高、产品处在全球价值链的中低端等。针对以上存在的种种发展困境，学者们提出了促进经济高质量发展的相关途径。张占斌[17]认为，要建立与高质量发展相适应的现代化经济体系、宏观调控体系、政策协同体系、制度环境体系，来推动我国经济在实现高质量发展上不断取得新进展。林兆木[18]提出要实现高质量发展，必须坚持供给端的结构性调整作为逻辑主线，切实处理好实体经济中供给与需求失衡、实体经济与虚拟金融发展的失衡、实体经济与房地产发展失衡三大问题。郭占恒[19]认为，实现中国经济由高速度发展转向高质量发展，关键在于企业，关键在于市场机制和市场环境。张立群[20]认为，高质量发展要"着力深化重点领域和关键环节改革，破除不适应社会生产力发展的体制机制弊端，补齐产权制度、要素市场配置机制等方面的制度短板，降低制度性交易成本。"各研究学者从不同角度提出的发展策略对当前推动经济高质量发展有较大的参考意义。

经济高质量发展指标构建研究方面，很多学者使用包含多种指标的方法去阐释经济增长质量，即将产业结构、对外开放、金融发展和生态环境等各类指标综合起来考虑。不管是使用某些指标，还是使用较为广泛的指标，学者们对经济增长质量界定使用的都是经济发展程度的高低优劣，而这些都属于结果评价。叶初升[21]则认为，合适的发展目标更应该成为衡量经济增长质量的本质，并提出用发展理念去衡量经济增长质量，这些都为后续研究提供了新的思路与视角。由于在各地探索过程中，地区范畴、衡量标准及指标均存在差异，所以建构一套合理有效的评价标准体系显得尤为重要[22]。徐瑞慧[23]参考国际货币基金组织（IMF）增长质量指数的构建方法，根据中国情况构建了一组综合的经济发展质量指标，该指标显示出上升的趋势性和短期的波动性，且这种上升的趋势性和短期的波动性于2015年后显著提升，从数量上支持了我国经济进入高质量发展阶段的论断。对驱动因素进行实证分析表明，政府治理、改革开放（中国融入全球化的程度）、金融发展、财政支出等因素对发展质量存在显著的促进作用。邵逸超[24]通过研究建立评价指标体系对质量发展进行科学有效的评价。质量发展指数评价指标体系涵盖宏观质量、微观质量和质量发展基础3个板块，在这3个板块下分别设置评价指标和观测变量，之后通过明确评价对象，确定各指标之间的权重，以及指标体系的动态完善对指标体系的结构进行优化运用。李金昌等[25]同样对高质量发展评价指标体系进行了探讨。从"人民美好生活需要"和"不平衡不充分发展"这一社会主要矛盾的两个方面着手，构建了由经济活力、创新效率、绿色发展、人民生活、社会和谐5个部分共27项指标构成的高质量发展评价指标体系，并对该评价指标体系进行分析。马福云等[26]的研究中提出需要构建一套主要考虑经济增长的动能转换，消除经济增长负外部性，与社会、生态相协调等3个方面的评价考核指标体系来助推经济转型。并且需要出台可供操作的高质量发展评价指标体系和注重高质量发展评价的统计评估与结果使用，以高质量发展来推进我国发展的转型。宋潞平（2019）[27]以习近平总书记的新发展理念和党的十九大报告中提出的质量第一、效益优先，质量变革、效率变革和动力变革等理念为依托，构建了包括经济创新驱动、经济增长效益、经济增长新动能、经济绿色水平和经济发展共享水平等5个维度的高质量发展指标体系，以此来探讨如何更好地推进经济的高质量发展。

2.2　海洋经济高质量发展研究现状

2019 年，时任自然资源部党组成员、国家海洋局局长王宏指出，海洋经济高质量发展需要处理好多种关系。不仅包括海洋经济发展与陆海统筹、生态环境保护、海洋资源开发利用的关系，而且包含海洋经济管理中政府和市场的关系、海洋经济发展中部门与地方的关系、海洋经济发展整体与局部的关系、国内与国际的关系[28]。我国是一个海洋大国，正向着海洋强国的目标迈进。许多学者针对海洋经济的高质量发展做过相关研究，但目前学界对海洋经济高质量发展这一概念，并没有深入探讨，主要研究集中在具体某一区域如何通过技术创新、资源整合、培育海洋新动力、制度创新等手段来促进海洋经济高质量发展。

海洋经济高质量发展的对策研究方面，国外关于海洋经济可持续发展的研究焦点落在如何管理海洋经济层面，其中对渔业的研究比重较大，通过强调对海洋生物和海洋环境的保护，来扭转和控制海洋经济发展所产生的影响，从而实现海洋经济的可持续发展[29, 30]。而国内关于海洋经济可持续发展的研究内容主要涉及可持续发展、海洋经济、海洋产业、海洋科技创新发展和海洋生态保护等多个方面。其中，部分学者从海洋经济整体层面的综合发展展开了相关研究。刘康[31]指出我国海洋经济高质量发展建立在海洋产业持续发展基础上，是以科技创新为动力、以生态环境安全为保障、以开放合作和陆海统筹为表征的发展，体现了海洋经济发展对海洋产业增长、海洋科技创新和海洋生态环境保护多层面的需求。史旻[32]在对已有评价体系局限性分析基础上，构建了适用于我国沿海 11 个省市区（不含港澳台）地区间横向比较的海洋经济高质量发展水平评价指标体系。得出我国在 2011—2017 年，海洋经济高质量发展整体水平有小幅波动，地区间发展水平差距加大。得出上海、广东、江苏和山东属于高水平发展地区这一结论。李博等[33]也通过构建海洋经济高质量发展研究框架，识别 2006—2016 年中国海洋经济高质量发展的阶段性类型，得出中国海洋经济高质量发展的政策导向性显著，且海洋经济高质量发展由阵痛期逐渐进入稳定期的研究结论。但当前我国海洋经济仍存在海洋产业层次偏低、科技创新能力薄弱、开放体系不够完善等问题与挑战[34]。根据当前我国海洋经济运行现状，闫永路[35]指出推动海洋经济高质量发展应主要从4个方面着力，包括积极培育新动能，加速新旧动能转换；加快结构优化，构建现代海洋产业体系；加强海洋环保，打造绿色可持续的海洋生态环境；完善政策体系，为海洋经济高质量发展提供有效保障。迟泓[36]对加快培养海洋新兴产业，推动海洋经济高质量发展做了相关研究，结果表明海洋新兴产业对海洋经济的高质量发展具有重要推动作用，能够创造新供给，提升供给质量；也能够促进新技术、新模式的诞生，提高投入产出效率。这对海洋经济实现高质量发展有重大战略意义。部分学者[37, 38]则从具体的发展领域提出了相关的发展对策。海洋技术创新方面，实施人才创新工程，加快海洋科技创新水平；涉海企业发展方面，重视海洋经济产品抵质押融资体系的构建，在海洋经济方面引入供应链金融服务模式；海洋产业升级方面，培育海洋战略新兴产业，加快实现转型升级，以提高海洋服务业的发展质量和增长效率；海洋生态保护方面，重视对海洋污染的治理，协调推进海洋经济与生态文明的发展进程；陆海统筹发展方面，打造现代化港口，畅通陆海运输通道推动区域海洋经济协调发展。

金融支持海洋经济高质量发展方面，海洋金融是推动海洋经济发展的加速器，作为服务海洋经济发展"血液"的海洋金融对海洋经济发展的影响成为当前研究的重要问题。但目前我国学术界对于海洋金融的研究相对较晚，有关海洋金融的研究比较少见。张远军[39]分析了金融支持海洋新兴产业存在的问题，建议构建海洋新兴产业跨越发展的金融支持体系，要引导金融市场的微观机制服务于我国国民经济保增长、调结构的宏观愿景，最终实现产业和宏观层面整体效率的提高。张玉洁等[40]对新常态下金融支持海洋经济发展的合作机制及对策开展了研究。从"政府引导+金融资本"和"政银企"两种合作模式诠释了海洋经济金融服务模式，通过建立并分析各种合作机制，提出金融支持海洋经济发展需要国家专项资金的扶持，并设立开发"试点"，积极探索更多模式与产品，加强涉海金融创新服务平台建设等政策建议。胡金焱等[41]认为，新时代金融支持海洋经济具有较强的时代紧迫感和历史使命感，且事关中国的经济安全和金融安全。并提出发展蓝色金融需要经历3个阶段：政府主导，市

场辅助；政府引导，市场先行；市场主导，政府辅助。林柏成[42]认为，
创新金融业对海洋空间格局的发展、推进海洋产业转型升级、加强海洋生
态文明建设、提升海洋产业对外开放与合作水平有着重大而深远的战略意
义。在此基础上，建议增强部门联动，优化政策环境，在搞好对接协调健
全组织体系之余拓宽融资渠道及创新金融业务，加强征信建设，便捷支付
方式等。魏伟[43]对粤港澳湾区三大金融中心的错位发展进行了探讨，提
出错位关系有利于对湾区内各个地区产生金融辐射影响，三大金融中心
（香港、广州和深圳）的错位发展应由市场决定，而不是政府主导。王景武
[44]针对深化粤港澳大湾区金融合作开展了相关探讨分析，研究认为构建
珠三角核心区金融圈，应着力加强粤港澳大湾区金融合作的统筹规划、协
调推进和政策保障，强化珠三角核心区金融圈与国际制造业基地、国际贸
易中心、国际航运中心和国际科技创新中心建设的相互联动。胥爱欢[45]
通过粤鲁闽浙海洋金融发展的对比分析，得出广东省强化政策引导，协同
推进商业性金融、政策性金融、开发性金融以及海洋绿色产业基金等金融
服务方式创新，有效促进了海洋经济高质量发展的结果。商婷婷[46]则阐
述了海洋产业资金需求量大、融资周期较长、融资风险较高和政策依赖性
强等金融需求特征的基础上，分析了涉海企业在发展过程中的融资现状，
并对如何更好地推进金融支持海洋经济发展提出了加大财政资金投入，争
取金融机构和社会资金支持等若干对策建议。

2.3　粤港澳大湾区高质量发展研究现状

　　直接关注珠三角核心区高质量发展的研究较少，本节以粤港澳大湾
区为研究对象，分析相关文献的研究进程。自粤港澳大湾区上升为国家战
略以来，粤港澳大湾区的发展问题成为近年来学术界关注的焦点，各学者
纷纷从研究视角、研究内容、评价方法等方面深入研究区域经济高质量发
展，涌现了大量的研究成果。

　　在研究视角上，粤港澳大湾区提出之后，陆续有学者对如何推进珠三
角核心区的海洋经济高质量发展及其路径做了相关研究，此类研究多以定
性分析为主，相继探索研究了绿色金融、海洋文化、海洋经济、数字经济

平台等领域内容。刘璟等[47]提出了促进粤港澳大湾区经济高质量发展的作用机制和路径。傅京燕等[48]认为，推动经济高质量发展关键在于优化资源配置，充分利用绿色金融市场，将有助于实现资源要素聚集于绿色产业，从微观机理角度看，主要体现在资本、技术和人力等资源的充分配置方面，因此提出构建粤港澳大湾区多层次的绿色金融市场体系，并利用绿色金融的数据共享建立粤港澳大湾区的联防联治协调机制。曾懿粲[49]则认为，绿色金融对促进粤港澳大湾区经济高质量发展的作用，具体体现在绿色金融能够为金融发展打造新型模式、为金融建设打造更大的舞台、提升粤港澳大湾区产业转型和升级速度、为粤港澳大湾区吸引专业人才。张如玉[50]在对"粤港澳"珠三角核心区经济发展路径的探微中，提出要推动"粤港澳"珠三角核心区的一体化发展，构建珠三角核心区经济发展新格局，深入挖掘珠三角核心区的经济发展潜力。张元芳[51]在"粤港澳"珠三角核心区经济发展路径研究中，指出可以从粤港澳联动、沿海内陆全面开放新格局，推进粤港澳大湾区在更高层次上参与区域竞争合作。梁育民等[52]以海洋文化促海洋经济发展，对广东参与粤港澳大湾区海洋经济发展的路径进行了探究，提出可建立更为积极、开放的经济体制，树立更为积极、开放的思想观念，培养城市个性尤其是文化个性，加快扶植海洋产业的发展等4个方面服务于粤港澳大湾区海洋经济的发展。原峰等[53]认为，在机制体制创新、经济深度融合、产业协同分工、科技创新驱动等方面取得新进展，才能实现粤港澳大湾区海洋经济高质量发展。向晓梅和张超[54]提出构筑粤港澳大湾区海洋经济高质量协同发展的具体实施路径有四个：推动海洋要素协同创新、加快海洋科技和金融区域融合、加强海洋新兴产业合作和完善海洋制度合作体系，这也是制度创新的突破口所在。

在研究内容上，众多学者根据经济增长的不同方面测度经济增长的质量，构建了各种高质量发展评价指标体系。张彦霞等[55]根据五大发展理论和粤港澳大湾区发展目标，将粤港澳大湾区经济增长质量内涵划分为经济增长结构优化、经济增长稳健有效、经济增长协调创新、经济增长绿色可持续和经济增长开放共融5个维度，构建了包括12个分项32个指标的粤港澳大湾区经济增长质量综合评价指标体系。段秀芳等[56]在新发展理念 5 个维度基础上，再加上综合规模效率结构，构建了包含资本生产率、劳动生产率、城镇化率和通货膨胀率等在内的 26 个指标体系，分析城市发展效率，结果表明，对外贸易类指标和创新发展类指标对粤港澳大湾区城市发展的影响程度较大，同时，政府在对外贸易、医疗、基建、投资、服务业等领域的投入对城市发展水平提高有促进作用。凌连新等[57]从创新驱动、协调发展、绿色生态、开放稳定、共享和谐及安全发展 6 个维度，构建了粤港澳大湾区经济高质量发展水平评价指标体系，共 33 个测度指标。可以看出，以上指标体系的设计均建立在对经济高质量发展内涵理解的基础上，形成的粤港澳大湾区海洋经济高质量发展路径理论体系，并从多个维度探讨了推进区域经济高质量发展的实践路径。

在评价测度上，学术界对城市群经济高质量发展水平较多沿用经济增长质量或经济发展质量的研究思路，通过界定内涵、建立指标体系展开测度评价，或者从全要素生产率、社会资源配置效率、技术效率等单个因素进行探讨，仅少数学者对粤港澳大湾区经济发展质量进行专门的测度与评价。张震等[58]构建了由经济发展动力、新型产业结构、交通信息基础设施等 7 个维度组成的城市群经济高质量发展指标体系，得出了 2011—2017 年粤港澳大湾区经济高质量发展形势良好，城市群内部各城市发展特征差异较大的结论。陈章喜等[59]使用熵值法对粤港澳大湾区科技创新和经济高质量发展水平进行评价，并采用耦合协调度模型研究科技创新与经济高质量发展之间的互动关系与效率，得出了珠三角核心区科技创新和经济高质量发展水平逐年提升、两者的耦合协调程度也稳步上升的结论。段秀芳等[56]采用熵权法确定权重的 TOPSIS 方法，对粤港澳大湾区各市2009—2018 年城市发展水平进行了综合评价，运用非期望产出的 SBM–DEA 模型分析了城市发展效率，并利用 GeoDa 软件进一步探索了粤港澳大湾区城市群的空间分布格局，表明珠三角核心区城市群城市发展水平还未形成明显的集聚效应，城市效率表现出不均衡的空间结构。凌连新等[60]结合五大发展理念的内在逻辑，运用熵权—TOPSIS 法实证测度了粤港澳大湾区经济高质量发展水平，结果表明粤港澳大湾区经济高质量发展综合水平呈现高度集聚性、波动性和非均衡性的时空演变特征，等级演化呈现明星型城市高度波动、平庸型城市高度集聚、落后型城市"形单影只"

的动态特征。侯黄萍[61]也在五大发展理念指导下，采用全局主成分分析法测度了粤港澳大湾区经济高质量发展综合指数，并采用聚类分析法和对比分析法发现粤港澳大湾区内各城市的高质量发展水平差异明显。可以发现，以上学者均通过多种测度方法构建适宜评价珠三角核心区各指标体系，探索了粤港澳大湾区经济高质量发展的客观规律与时空演变特征。

2.4 现有研究的启示及不足

综合来看，目前学者对高质量发展研究成果众多，国内大部分研究成果都是在界定高质量发展的内涵的基础上构建地区高质量发展评价指标，然后采用熵权法、增加值率、非参数法和全要素生产率等多种统计学方法对高质量发展指标进行测度分析，并探索地区高质量发展的实现路径。学者们对于高质量发展内涵的认知不断丰富，总体来说，趋向于定义高质量发展是在经济稳定发展的基础上符合五大发展理念，满足人民对美好生活的需求并实现经济的可持续发展。而高质量发展评价指标正是依托其丰富内涵逐渐从单一指标转变为综合指标，涵盖了经济、社会和生态三大方面，越来越注重社会福利指标和生态环境的保护与治理指标。在高质量发展综合测度方面，由于主观赋值法存在较强的主观性，学者们主要采用客观分析法中的主成分分析法和因子分析法来确定指标权重对高质量发展进行综合评价。通过经济高质量发展的深入研究，学者们也提出了许多实现高质量发展的路径，为各地高质量发展提供思路。

伴随着粤港澳大湾区建设上升为国家战略，加快实现粤港澳大湾区城市群高质量发展是《粤港澳大湾区发展规划纲要》的目标之一[62]。虽然中国学者对于经济高质量发展的研究成果比较丰富，但是关于粤港澳大湾区经济高质量发展的研究，尤其是珠三角核心区海洋经济高质量发展的研究成果还比较薄弱，与珠三角核心区的经济地位明显不匹配。具体表现在：首先，国内外关于珠三角核心区海洋经济高质量发展评价体系研究较为缺乏，相关的研究主要是海洋分领域评价的零散工作和发展战略思想下海洋经济发展战略及实现路径的探讨。自粤港澳大湾区设立以来，粤港澳大湾区海洋经济的高质量发展已成为我国增强国际综合竞争力的重要标志之一。学术界对其海洋经济高质量发展的研究更趋向于对海洋经济、海洋产业、海洋科技、海洋金融等多元化综合应用的提升。其次，珠三角核心区海洋经济高质量发展路径的研究成果涉及经济、科技、生态、金融、对外开放等多个方面，属于典型的跨学科研究范畴。从目前的文献资料来看，实际研究中从宏观层面阐述较多，而从经济、科技、社会发展等方面论述较少，缺乏系统性研究成果，定量研究的成果尤其少，因此，根据现代交叉学科的研究规律，应该借鉴经济学中的实证研究来支撑珠三角核心区海洋经济高质量发展的研究。

总体而言，目前研究成果的特征和不足明显：一是偏重定性分析，研究方法比较单一、研究结论缺乏针对性，定量分析还需要进一步深入探讨；二是评价指标的构建缺乏相应的科学逻辑，且尚没有达成共识的指标体系；三是在以往的评估方法中，大多数研究是采用传统的主成分分析法或者描述分析法等基本分析方法，难以支撑结构动态演化模式以及解释经济发展质量的动态变化，对区域经济发展质量的短板动态变化未能充分展现。可以说，当前学术界对于珠三角核心区海洋经济高质量发展的研究刚刚起步，在评价模型、指标体系构建以及影响因素分析等方面仍待深入研究。

因此，借鉴相关研究成果，以海洋经济高质量发展内涵为基础，通过构建并实施广东省推进珠三角核心区海洋经济高质量发展路径理论体系，构建具有全面性、系统性、等级结构性、动态平衡性、时序性的珠三角核心区海洋经济高质量发展评价指标体系，定量评价广东珠三角核心区海洋经济发展的综合实力和分领域实力，从研究珠三角核心区海洋经济高质量发展评价技术指南、科技创新引领海洋六大产业生态化发展、珠三角核心区海洋资源高质量开发管控对策、生态产业化模式促进美丽湾区建设、多层次金融支持海洋产业高质量发展等 5 个方面，有效探索广东推进珠三角核心区海洋经济高质量发展的路径，从而进一步促进海洋经济理论、科技创新理论、海洋生态环保理论等相关理论的深化研究，有效推动珠三角核心区海洋经济高质量发展。

2.5　珠三角核心区海洋经济高质量发展内涵及目标

本节借鉴 2.1 节至 2.3 节的研究思路，从"经济高质量发展""海洋经济高质量发展""珠三角核心区海洋经济高质量发展"3 个层次，逐步研究本研究的核心概念，力图理清核心概念的内涵，并在此基础上结合有关规划和政策文件，提出珠三角核心区海洋经济高质量发展的愿景目标。

2.5.1　经济高质量发展内涵

经济高质量发展是中国步入新时代后经济发展的一个崭新主题。改革开放 40 余年来，中国经济发展取得了举世瞩目的成就。然而，在经济快速发展的背后发展效率问题、区域协调问题、资源环境问题和社会民生问题等逐步凸显。2000 年以来，特别是新时期伴随着经济增速放缓，这些问题集中涌现。面对这一新发展状况，以往仅仅以追求增长速度为核心的发展模式必然难以为继，转变发展方式、更加注重发展质量已然势在必行。习近平总书记在党的十九大报告中明确指出，我国经济已由高速增长阶段转向高质量发展阶段。毋庸置疑，高质量发展作为一个新的主题已经成为新时期中国经济发展的方向，学术界对相关主题的研究也由此开始迅速升温。

从高速增长阶段转向高质量发展阶段，在理论认识和实践上都将面临一系列新问题，是一个具有重大挑战的艰巨任务。由本报告 2.1 节可知，不同学者从不同角度对经济高质量发展进行了初步探索，取得了一些具有借鉴意义的研究成果。总体来看，经济高质量发展是能够满足人民日益增长的美好生活需要的发展，其内涵随着生产力水平和经济社会发展水平的提升而不断丰富；经济高质量发展是一种涉及经济发展方式、结构和动力变动的状态，它能够更好地满足人民不断增长的真实需要；经济高质量发展是经济增长到一定阶段后，经济结构优化、新旧动能转换、经济社会协同发展、人民生活水平显著提高的结果；经济高质量发展就是以高效率、高效益生产方式为全社会持续而公平提供高质量产出的经济发展，供给体系的质量、效率和稳定性高是经济高质量发展的根本特征，只有同时具备这些特征，彼此不相冲突，才是经济高质量发展。此外，还有学者从"创新、协调、绿色、开放、共享"五大发展理念的视角对高质量发展进行解读,即高质量发展,就是能够很好地满足人民日益增长的美好生活需要的发展,是体现新发展理念的发展,是创新成为第一动力、协调成为内生特点、绿色成为普遍形态、开放成为必由之路、共享成为根本目的的发展。关于经济高质量发展的内涵,政府、学术界、实业界的认知仍在持续深化之中。

2.5.2　海洋经济高质量发展内涵

2020 年,广东省海洋生产总值达到 1.72 万亿元,约占全国海洋生产总值的 20%,约占广东省地区生产总值的 15.6%。这表明,广东海洋经济在全国海洋经济总体格局中占有重要位置,同时也是广东全省国民经济的重要组成部分。在产业结构转型升级、供给侧结构性改革、产品品质迈向高端化的历史进程中,海洋经济发展形势对其数量的增长与质量的提升提出了新的要求。海洋经济高质量发展也引起了党和国家的高度重视。2013 年,中共中央政治局就建设海洋强国进行第八次集体学习,习近平总书记在主持学习时对建设海洋强国提出"四个转变",强调"着力推动海洋经济向质量效益型转变"。2018 年,习近平总书记在参加十三届全国人大一次会议山东代表团审议时提出"海洋是高质量发展战略要地"的重要论断。2019 年,习近平总书记在致中国海洋经济博览会的贺信中,又一次阐释了海洋对人类社会生存和发展的重要意义,从加快海洋科技创新、提高海洋资源开发能力、培育壮大战略性新兴产业 3 个方面指出海洋经济高质量发展的关键所在。同年,自然资源部党组成员、国家海洋局局长王宏指出,海洋经济高质量发展需要处理好多种关系。不仅包括海洋经济发展与陆海统筹、生态环境保护、海洋资源开发利用的关系,而且包含海洋经济管理中政府和市场的关系、海洋经济发展中部门与地方的关系、海洋经济发展整体与局部的关系、国内与国际的关系。因此,综合解析"海洋强国""海洋生态文明""陆海统筹""经略海洋"等习近平总书记关于发展海洋的一系列讲话精神,深入剖析会议讲话、政府工作报告中关于高质量发展的表述,有助于理解政府提出高质量发展概念背后的真实意图,从而更好地给出海洋经济高质量发展内涵解析及理论框架构建。

新时代新背景下，高质量发展是在深刻总结经济发展规律、全面剖析发展中存在问题的基础上，提炼的一种新的发展理念与方式，是对经济发展理论的一次升华，旨在化解产能供给过剩、供需不平衡、发展不充分等社会发展矛盾。高质量发展是化解新时代新背景下海洋经济发展主要矛盾、实现海洋强国战略目标的必然要求。海洋经济高质量发展作为经济高质量发展的一部分，对推动全国经济高质量发展具有重要作用。

结合 2.2 节可知，海洋经济高质量发展的关键在于对海洋经济高质量发展的内涵及对其特征的认识，但是目前针对海洋经济的内涵学术界还没有统一的认识。现有研究多从五大发展理念出发，对经济高质量发展的内涵进行解读，这也是符合经济未来发展方向的。海洋经济高质量发展是指在海洋开发的有关生产活动过程和生产结果的影响与成果分配中，能够满足人们对美好生活需求，要素投入产出比高、资源配置效率高、科技含量高、区域与产业发展充分、市场供给需求平衡、产品服务质量高的可持续发展，是一种注重于创新、协调、绿色、开放、共享等众多方面的发展模式，是五大发展理念的深度融合，是传统发展方式在新时代新特征背景下的提升。

2.5.3 珠三角核心区海洋经济高质量发展内涵及目标

珠三角核心区作为全国经济发展的重点区域，其海洋经济既是粤港澳大湾区经济的重要组成部分，也是全国海洋经济的重要组成部分。因此，珠三角核心区作为海洋经济高质量发展的重要代表区域，对推动海洋经济高质量发展具有重要作用。

珠三角核心区海洋经济高质量发展与海洋经济高质量发展的不同表现在珠三角核心区海洋经济高质量发展是建立在湾区特殊的地理区位条件之上的，是具有鲜明的湾区特色的高质量发展。因此，结合 2.3 节内容，珠三角核心区海洋经济高质量发展的内涵是建立在海洋经济高质量发展内涵的基础之上，同时又具备了湾区特色。但是截至目前，鲜有文献专门论述湾区海洋经济高质量发展的内涵。有鉴于此，在系统梳理有关研究文献并经过认真思考后，珠三角核心区海洋经济高质量发展的概念概括为立足于珠三角核心区自身的资源要素禀赋优势，当海洋经济总量增长到一定阶段后，海洋资源利用效率明显提高、经济结构得到优化、区域良性协调发展、科技创新能力显著提高、开放水平进一步提升、生态环境持续良好，达到一种全面贯彻新发展理念的海洋经济发展状态。

到"十四五"末期，珠三角核心区海洋经济应力争实现以下目标。

一是海洋经济发展取得新飞跃。到 2025 年，珠三角核心区单位岸线海洋生产总值位居全国同类型湾区前列。打造 5 个以上国际国内知名千亿级海洋产业集群。港口标准集装箱吞吐量接近 1 亿 TEU，入境旅游接待能力达 5000 万人次。依托粤港澳良好合作基础，充分发挥广州南沙、深圳前海、珠海横琴等重大合作平台作用，进一步深入推进三地在人员、资金、信息等方面的海洋经济开放合作。

二是海洋科技创新引领海洋产业生态化发展取得新突破。具有全球影响力的国际海洋科技创新中心建设取得标志性进展，国家海洋战略力量和海洋科技基础创新能力大幅提升，有力推动绿色、智慧、节能、低碳的海洋经济活动生产方式转变，引领海洋产业生态化发展。研发经费投入强度达 2.5%，高技术制造业增加值占规模以上工业增加值比重达 30%。工业废水排放率、污水集中处理率等指标持续向好。

三是海洋资源治理能力获得新成绩。海洋资源治理的各项法规和制度体系不断完善，"全要素、全周期、全方位"的资源管理方式不断推进，资源集约节约利用水平显著提高，各类资源支撑海洋经济发展的保障能力进一步增强，单位国内生产总值（GDP）能耗显著下降。

四是海洋生态产业化发展迈向新台阶。逐步探索完善海洋生态产品价值核算体系，推进海洋生态产品价值实现区域试点工作。依托广州期货交易所、深圳证券交易所、香港交易及结算所，探索建立海岸线占补、蓝色碳汇交易、碳排放等产权指标交易市场，带动海洋生态修复、生态旅游、生态养殖、蓝碳技术服务和蓝碳交易等海洋经济新业态发展，建设生态安全、环境优美、文化繁荣的美丽珠三角核心区。

五是海洋公共服务水平达到新高度。海洋金融支持海洋经济发展以及海洋预警观测监测、应急救助、防灾减灾、文化宣教等方面的能力明显提升，海洋大数据中心、国家海洋综合试验场（珠海）等服务海洋产业发展的重点平台建设不断推进。

展望 2035 年，珠三角核心区将助推粤港澳大湾区全面建成世界级湾区，成为新时代我国参与全球海洋经济竞争的代表性湾区。海洋经济综合实力跻身全球各湾区前列，现代海洋产业体系基本建成，海洋研发投入强度、创新能力世界一流，海洋生态环境质量和资源利用效率居世界领先，海洋治理体系与治理能力现代化水平全方位提升。

3 珠三角核心区海洋经济高质量发展现状及存在的问题

珠三角核心区所在的粤港澳大湾区经济实力雄厚，是有望成为继美国纽约湾区、旧金山湾区、日本东京湾区之后的世界第四大湾区，是国家建设世界级城市群和参与全球竞争的重要空间载体。珠三角核心区具有优越的海洋地理区位和独特的资源禀赋，在发展海洋经济方面有着良好的基础，目前已经初步形成了海洋产业集聚发展、科技创新活跃、资源管理较为科学、金融支撑逐步完善的总体态势，但珠三角核心区也存在着一定的问题和薄弱环节，亟须在下一步发展过程中加以解决。

3.1 总体发展情况

3.1.1 海洋经济发展总体情况

（1）广东省海洋经济发展现状

近年来，广东省不断推动海洋经济高质量发展，形成了海洋产业体系较完整、经济辐射能力强的开放型经济体系，海洋经济成为广东经济发展新的增长极。从表 3.1–1 中可以看出[63, 64]，2019 年广东海洋生产总值为1.63 万亿元，但随后因中美贸易摩擦、新冠肺炎疫情全球蔓延等诸多不利因素影响，2020 年广东海洋生产总值下降至 1.51 万亿元，占当年地区生产总值的 13.7%。近两年来，随着国民经济逐步回升向好，高质量发展扎实推进，广东海洋生产总值实现稳步增长。据初步核实，2022 年海洋生产总值达到 1.81 万亿元，占当年地区生产总值的 13.9%。海洋产业结构不断优化，2022 年广东海洋三次产业结构比为 3.0∶31.9∶65.1，广东省海洋生产总值占全国海洋生产总值的 19.06%，近 30 年连续居全国首位，成为我国海洋经济发展的重要区域之一。[65]

表 3.1–1 近年来广东省海洋经济发展总体情况

主要指标	2019年	2020年	2021年	2022年
海洋生产总值（亿元）	16 286.4	15 089.0	17 098.1	18 059.6
占全省GDP比重（%）	15.1	13.6	13.7	13.9
占全国海洋生产总值比重（%）	20.2	21.6	22.1	19.06
海洋第一产业比重（%）	2.9	3.2	3.1	3.0
海洋第二产业比重（%）	26.9	24.8	29.4	31.9
海洋第三产业比重（%）	70.2	72.0	67.5	65.1

数据来源：《中国海洋经济统计公报》和《广东海洋经济发展报告（2023）》。

广东省各地市经过多年的发展，海洋经济已经形成一定规模。当前，珠三角核心区内广东 9 市根据自身的海洋资源条件形成了相应的海洋产业体系，并初步呈现出各自的发展亮点。具体如表 3.1–2 所示。

表 3.1–2 广东主要城市海洋经济发展情况

城市	海洋经济总体情况	主要海洋产业	海洋经济发展亮点
广州	2015—2020年，广州市海洋生产总值从2632.82亿元增加到3146.07亿元，年均增速4%。2020年三次产业结构为1∶18∶81，产业结构高级化趋势明显。	海洋船舶与海洋工程装备制造业、滨海旅游业、海洋交通运输业	海洋船舶与海洋工程装备制造业发展势头迅猛，形成以龙穴造船基地为核心的高端船舶海工产业集聚区，已汇聚多家企业，包括中国船舶集团广船国际有限公司、广州黄船海洋工程有限公司、广州中船文冲船坞有限公司、中国船舶集团华南船机有限公司等。滨海旅游业蓬勃发展。2019年，南沙国际邮轮母港已开通出发香港、日本、越南、菲律宾等地区和国家的航线9条，广州港靠泊出入境邮轮93艘次，接待出入境旅客44.2万人次。海洋金融业有所创新。广州航运保险要素交易平台正式上线并实现全国首单船舶资产离岸交易，累计完成64艘船舶租赁业务

续表

城市	海洋经济总体情况	主要海洋产业	海洋经济发展亮点
深圳	海洋生产总值从2015年的1873.2亿元增加到2020年的2596.4亿元，占全市生产总值比重的9.4%	海洋交通运输业、海洋油气业、海洋旅游业、海洋工程装备制造业、涉海金融服务业等	已形成招商局国际有限公司、中国国际海运集装箱（集团）股份有限公司、中海石油（中国）有限公司深圳分公司、华侨城集团有限公司等一批年营业额超百亿的海洋核心企业。以海洋电子信息、海洋生物、海洋高端装备等为代表的海洋未来产业快速发展，年均增长率超过30%。深圳市的海洋科技创新全国领先，形成了以企业为主体的海洋创新生态
珠海	2016—2020年，珠海市海洋生产总值从687.9亿元增加到851.4亿元，占全市GDP的24.5%。2020年，全市海洋企业以上规模超过500家	滨海旅游业、海洋化工业、海洋油气业、海洋工程装备制造业	以海洋装备制造业、游艇产业、临港石化产业为主的临港工业实现集聚发展，高栏港经济区成为广东省乃至华南地区最具影响力的海洋工程装备产业基地和化工生产基地。高栏港成为国家能源接卸港、西江流域龙头港和华南枢纽大港地位。滨海旅游业向高端升级，形成休闲度假、主题公园、温泉养生、海岛运动、商务会展等海洋特色明显的旅游产品体系
东莞	2020年东莞市海洋生产总值为741.45亿元	海洋旅游业和海洋交通运输业为支柱，涉海金融服务业、海洋工程装备制造业、海洋技术服务业为支撑的产业格局	东莞港2020年完成货物吞吐量1.98亿吨。滨海湾新区建设提速，成为融入"一带一路"倡议的重要载体。麻涌、沙田、虎门和长安四大海洋经济主体区初步形成
惠州	惠州市海洋生产总值从2016年的1020亿元快速增长至2018年的1330亿元，但随后由于国际经济形势和新冠肺炎疫情影响，海洋生产总值降至2020年的1050亿元，占全市GDP的24.7%	临海石化、海洋交通运输业、滨海旅游业、现代渔业、临海清洁能源	世界级石化产业基地加速形成，大亚湾石化区炼化一体化规模居全国首位，综合实力居全国化工园区30强第一位。亿吨大港建设稳步推进，全力打通海铁联运通道，积极参与"一带一路"建设。滨海旅游高端化发展步伐加快，打造百里滨海旅游长廊。海洋新兴产业发展势头良好，广东太平岭核电项目、中广核海上风电场项目、惠州LNG接收站等能源项目前期工作扎实推进

续表

城市	海洋经济总体情况	主要海洋产业	海洋经济发展亮点
江门	2019 年江门市海洋生产总值481.1 亿元，比 2015 年增长133%，年均增长 7.40%，占全市 GDP 的 15.30%。2019年海洋第一、第二、第三产业比例为 14：32：54，产业结构持续优化	滨海旅游业、临港制造业、海洋船舶、海洋工程装备、海洋渔业、海洋电力、海洋化工	以滨海能源、海洋工程装备、海洋船舶、纸业制造为主导的临港制造业发展良好。海水养殖业广布沿海，培育了鳗鱼、南美白对虾、牡蛎、青蟹等一大批名优特水产品，建成了全国最大的鳗鱼养殖、出口基地，水产品加工稳步增长。大广海湾成为国家重大合作发展平台，银湖湾滨海新区建设加速推进，有力推动了"三区并进"的区域发展格局

资料来源：根据各市海洋经济"十四五"发展规划整理所得，佛山、肇庆无海洋经济资料，中山市暂未获取相关资料。

（2）港澳海洋发展基本情况

香港作为国际金融贸易和航运中心，是全球最近最自由经济体之一，而澳门则在努力建设世界旅游休闲中心，并在促进中国与葡语系国家商贸合作中发挥了重要作用。

香港凭借优越的地理位置、完善的港口管理制度等，其经济发展主要依靠服务业，服务业占香港生产总值的 90% 以上。相应的，其海洋产业也主要是传统产业及配套服务业。传统产业上，香港渔业由捕捞、海鱼养殖及塘鱼养殖组成。航运服务业已成为香港的重要支柱产业，其业务范围主要涉及船舶管理、船务经纪、船务融资、航运保险及法律等[1]。根据中国新华社与波罗的海交易所联合发布的 2020 国际航运中心发展指数（ISCD），香港是全球第四大国际航运中心，排在新加坡、伦敦和上海之后。2018 年，香港港口集装箱吞吐量为 1960 万 TEU，全球排名第七，同比负增长 5.7%。2020 年，香港港口货物吞吐量为 24 930 万吨，其中海运货物占 59.8%[2]。此外，香港海事法律等相关的服务行业均发展良好，2020 年，香港国际仲裁中心处理了 483 宗新个案，其中，涉及海事纠纷的占 18.6%。

---

① 香港贸易发展局。

② 数据来源：香港政府统计处《香港船务统计》。

以增加值及雇员人数计算，贸易及物流业是香港四大经济支柱之首。2019 年，贸易及物流业占香港生产总值 19.8%，提供约 673 700 份职位。同年，仅物流业占香港生产总值 2.9%，提供约 176 200 份职位。2019 年，运输服务占香港服务输出的 30.9%，其中，海上运输服务占比达 52.1%①。香港有 9 个货柜码头，共有 24 个泊位，每年货柜处理能力超过 2000 万个标准货柜（TEU）。2020 年，香港货柜吞吐量达 18 000 万 TEU，其中最大的葵青货柜码头吞吐量高达 14 500 万 TEU。截至 2020 年 12 月，已向香港船舶注册处注册的船舶约 2600 艘，合计 1.3 亿总吨。作为全球最繁忙和最高效率的国际集装箱港口之一，香港港是全球供应链上的主要枢纽港。截至 2019 年年底，香港是世界第四大船舶注册地，排在巴拿马、利比里亚及马绍尔群岛之后。香港船东会是全球最大的海运协会之一。截至 2019 年 12 月，其会员拥有、管理或营运的船舶总吨位超过 2 亿载重吨。2016 年 4 月，香港海运港口局成立，作为政府、业界及相关持份者加强协作的平台，为香港的港口及相关海运服务制定长远发展规划。

澳门回归 20 余年来，澳门特区始终坚持"一国两制"方针，坚定维护宪法和基本法权威，积极融入国家发展大局。2019 年，澳门本地生产总值为 4347 亿澳门元（538.60 亿美元），2020 年受新冠肺炎疫情影响，澳门经济大幅度下滑，实质收缩 56.3%，本地生产总值仅为 1944 亿澳门元。但是截至 2020 年年底，特区政府财政储备总额达 6161.2 亿澳门元（约 624.99 亿美元）。另外，澳门外汇储备仍有所增长，并突破 2000 亿澳门元大关。截至 2020 年年底，外汇储备资产总额达 2008 亿澳门元（约 251.5 亿美元）。中央通过划定澳门水域给予澳门特区政府和民众发展海洋经济的一份大礼，对澳门的行政管理、区域合作和未来发展具有重要的意义，更是澳门特区"一国两制"的新实践和新发展。中央也积极支持澳门发展海洋经济，在《粤港澳大湾区发展规划纲要》中提出，"在保障珠江河口水域泄洪纳潮安全的前提下，支持澳门科学编制实施海域中长期发展规划，进一步发展海上旅游、海洋科技、海洋生物等产业"，为澳门海洋经济发展指明了方向。②

在海洋交通运输方面，港口对澳门的经济发展中占有重要的地位。20

---

① 资料来源：香港政府统计处《香港服务贸易统计》。

② 陈朋亲，毛艳华.经济体特性与澳门海洋经济创新发展［J］.港澳研究，2021，（03）：70-82.

世纪70年代后澳门加快港口建设，建立深水港，对外贸易蓬勃发展。澳门港口分外港、内港、九澳港和凼仔客运码头。2010—2018年，澳门港口集装箱吞吐量呈稳步上升趋势，但2019年起开始逐渐下降。2020年澳门特别行政区集装箱吞吐量为12.14万TEU，相比2019年下降8.7%。根据澳门特别行政区统计暨普查局、海事及水务局统计资料显示，在港口货柜总吞吐量方面，2020年内港码头港口货柜总吞吐量为109 268标准货柜单位，同比增长161.61%；九澳港为12 135标准货柜单位，同比下降67.50%。在客轮班次方面，2020年外港码头客轮班次为5961次，内港码头为10 857次，凼仔码头为4556次。在进出港航班方面，2020年外港码头进出港航班为5961次，同比下降91.32%；内港码头为10 867次；凼仔客运码头为4556次，同比下降89.16%。

在海洋旅游方面，澳门通过打造"世界旅游休闲中心"，将海洋文化充分融入旅游产业。400余年来，中西方文化交汇的历史及因海而兴的特点给澳门留下了众多名胜古迹和独特的海洋文化风情。根据澳门特别行政区统计暨普查局相关数据，2018年访澳旅客超过3580.37万人次，带来的旅游消费超过69.7亿澳元，旅游业对澳门经济的贡献度不断增强。1999年内地旅客占澳门入境旅客总数的21.1%，到2018年，内地旅客占入境旅客的比例升至70.6%，香港和台湾访澳旅客分别为17.7%和3%，相对而言，欧美及东南亚国家客源仍有较大的开发空间。[①]截至2019年年底，澳门共有酒店及公寓124家，可提供客房数量38 675间，同比增加1.8%。其中五星级酒店客房有2.5万间，占总供应量64.7%。2019年全年酒店及公寓增加住客155.1万人次，达1410.4万人次，内地住客达982.5万人次，同比增长1.9%。全澳酒店及公寓平均入住率达90.8%，平均留宿1.5晚，与2018年持平。[②]

此外，澳门海洋生物医药产业科研实力雄厚。澳门政府相继出台了有关资金扶持政策，澳门科技大学、澳门海洋学会等相关机构也举办了"澳门海洋生物医药产业发展研讨会"等国内外生物医药行业的交流会。澳门

---

① 《澳门旅游休闲发展报告（2018—2019）》。

② 齐冠钧：《澳门经济适度多元化发展研究——基于〈粤港澳大湾区规划纲要〉的视角》，北京：《国际经济合作》，2019年第2期。

与广东省在横琴建设的中医药科技产业园也为海洋生物医药业发展奠定了坚实基础。

澳门海洋科技发展势头良好。澳门高校纷纷成立了海洋发展研究中心，例如，澳门科技大学与中国海洋大学发展研究院共建澳门海洋发展研究中心，澳门大学科技学院成立区域海洋研究中心，同时成立海洋环境污染监测实验室、海洋环境污染与修复实验室、海洋生物技术实验室和水利工程实验室等，在澳门海洋利用、海洋防灾减灾与澳门海洋保护领域取得诸多成就，同时还积极加强与中国科学院海洋研究所、中国科学院南海海洋研究所、大连理工大学海岸和近海工程国家重点实验室等内地海洋领域科研院所的良好交流与合作。

3.1.2　海洋产业发展主要特征

经过多年发展，珠三角核心区海洋产业主要包括海洋渔业、海洋化工业、海洋交通运输业、海洋旅游业等传统产业，海洋船舶与工程装备制造业、海洋药物和生物制品业、海洋新能源业、海水利用业等战略新兴产业，以及海洋信息服务业、海洋金融服务业等现代服务业。珠三角核心区海洋产业逐步呈现集群化、高端化发展态势。

（1）传统产业

海洋渔业是珠三角核心区海洋经济的传统优势产业之一。2020年珠三角地区（不含港澳）海水水产品产量450.5万吨。海洋水产业加工业持续向好，2020年海水水产品加工总量超过百万吨。随着持续加大渔业产业结构调整力度，除了传统的养殖、捕捞外，又新增了深水网箱养殖、海洋牧场等海水增养殖方式，各等级渔港加快建设。海洋渔业转型升级加速，产业结构日趋优化。

海洋化工业近年来综合实力稳步提升。珠三角核心区内的惠州大亚湾具备了年产2200万吨炼油、220万吨乙烯生产能力，成为全国的重要石化基地之一，海洋化工企业集聚明显。惠州大亚湾依托大亚湾中海油大型炼化一体化项目，以石化产业为龙头，重点发展石油化工、能源、机械等产业，形成炼油、乙烯生产到下游合成材料、精细化工、橡胶加工的炼化一体化石化产业链，其炼化一体化规模居全国第一。

海洋交通运输业方面，珠三角核心区形成了广州、深圳为主要港口，珠海、惠州、东莞、中山、江门为地区性重要港口的分层次发展格局。珠三角核心区内的多个港口，年货物吞吐量超 10 亿吨，年集装箱吞吐量超 8 000 万标准箱，是全球港口最密集、航运最繁忙的区域。其中，广州港和深圳港是国际航运中心，也是世界排名前十的大货运港。

海洋旅游业是珠三角核心区的传统优势产业之一。近年来，海洋旅游业保持健康发展态势，产业规模持续增大，依托"21 世纪海上丝绸之路"建设，在海洋休闲度假、邮轮游艇、海洋观光和海岛旅游等方面进行多元开发，新业态旅游成长步伐加快。珠三角核心区海洋旅游业逐渐向以邮轮游艇为代表的高端化业态发展，形成以广州、深圳、珠海为核心的海洋邮轮游艇产业集群。同时，以深圳情人岛、珠海外伶仃岛、惠州三门岛为代表的海岛旅游也正蓬勃兴起。但 2020 年因受新冠肺炎疫情的巨大冲击，珠三角地区旅游业总收入急剧下降至 3 739.75 亿元，较 2019 年的 10 086.68 亿元下降 62.9%。

（2）战略新兴产业 [①]

海洋船舶与工程装备制造业近年来发展波动较大。一方面国家间贸易摩擦激化、新冠肺炎疫情等给其发展带来了不利影响，另一方面国内海洋产业结构升级、国家级新区、自贸区和粤港澳大湾区建设等各项有利政策的加持，又给珠三角核心区海洋船舶和工程装备制造业未来的发展创造了良好条件。2020 年，造船完工量 267.8 万载重吨，同比增长 9.4%；新承接船舶订单量 270.1 万载重吨，同比增长 52.6%；手持船舶订单量 576.7 万载重吨，同比下降 1.6%。海洋工程装备完工量 11 座（艘），同比下降 42.1%；海洋工程装备新承接订单量 11 座（艘），同比增长 16.7%；海洋工程装备手持订单量 48 座（艘），同比增长 166.7%。目前，珠三角核心区内已建成广州南沙、深圳蛇口、珠海高栏港等一批船舶和海洋工程装备

---

① 因为珠三角核心区内海洋新兴产业统计数据较为缺乏，这里根据可搜集到的广东省全省数据进行代替分析。

制造基地，逐步形成珠江东西岸海洋工程装备制造业集聚区，取得了一批新技术及新产品研发的重大突破，深海资源开发装备与高技术船舶建设稳步推进，建成了深海海洋装备试验和装配基地。

海洋药物和生物制品业作为广东省重点支持的海洋六大产业之一，取得了一定进展。珠三角核心区内有条件的地市如深圳、广州等地近年来积极扶持海洋药物和制品业发展，对该产业加大了科研投入和政策倾斜，涌现出一批国内影响力较大的企业和机构。但总的来说，该产业还处于初级发展阶段，未来需进一步加强科技投入、产学研融合及管理体制机制创新。

海洋新能源业方面，目前珠三角核心区海洋能开发除风能发电技术较成熟外，其他海洋能的发电技术处于探索阶段。近年珠三角核心区海上风电产业发展迅猛，海上风电项目布局不断加快。珠海金湾、惠州港口一期和珠海桂山二期等海上风电项目陆续铺开，中山机组研发中心建成投运，珠三角核心区海上风电产业基本形成装备-施工-运营-专业服务产业体系。2020年，全省海上风电发电量约11.7亿千瓦·时，同比增长310%。全省已建成并投产的海上风电装机容量超过100万千瓦，同比增长200%。其中包括南方电网珠海桂山一期项目在内的3个项目全容量投产，总装机容量72万千瓦，珠三角核心区单体容量最大的广东粤电珠海海上风电有限公司珠海金湾海上风电项目首批机组成功并网发电。珠海大万山波浪能试验场的500千瓦波浪能发电装置完成交付。截至2020年，全省海上风电项目完成投资约645亿元，新增海上风电投资额572.4亿元，在建装机总容量达808万千瓦。

值得一提的是，珠三角核心区内天然气水合物开采产业可开发远景广阔，有关机构已圈定11个远景区、19个成矿区，锁定2个千亿方级矿藏，且已试开采成功，未来可形成规模较大的海洋新能源类型和海洋战略新兴产业。自然资源部数据显示，到2030年，神狐海域可燃冰先导试验区将形成年产10亿方气田，总产值约350亿元，将直接带动相关产业350亿元、间接带动相关产业500亿元。

海水利用业的发展对于节约和保护水资源、发展战略新兴产业、拓展蓝色经济空间具有重要意义。珠三角核心区目前绝对规模仍然较小，海水利用方式主要是火电厂和核电厂直接利用海水作为工业冷却水，极少用于生活用水，海水淡化成本较高，处于产业发展初级阶段。有关企业主要分布于珠海、东莞、广州和深圳等地。

（3）现代服务业

海洋信息服务业是海洋经济增长的倍增器、发展方式的转换器和产业升级的助推器。珠三角核心区将服务器等硬件集中管理运维，已建成集海域动态管理系统、渔业安全生产通信指挥系统、渔业船舶信息管理系统、渔港信息管理系统等海洋信息服务的综合信息管理平台。相关企业主要分布于深圳、广州等地。珠三角核心区海洋信息服务业企业主营业务涵盖电子信息、软件开发、导航系统开发、人工智能、涉海图书报刊出版等领域，高科技含量的海洋新兴企业数超过 400 家。

海洋金融服务业方面，珠三角核心区内的广州、深圳两大金融城市，加上香港这一国际金融中心，还有香港交易所和深圳证券交易所两大证券交易所，聚集了全球诸多银行、保险、证券等跨国金融巨头。广州南沙在航运交易、船舶融资租赁、航运产业基金、船舶制造、渔业保险等方面取得了阶段性突破。随着深圳建设全球海洋中心城市各项工作步伐的加快，深圳海洋金融服务业发展前景不可限量。深圳各类商业银行也积极开展海洋融资服务，前海国际船艇交易中心出台了互联网融资业务规则，在船艇众筹融资领域进行了积极探索。香港涉海金融主要包括海洋产业融资和海事保险及再保险，具体包含银行贷款融资、股票融资、信托基金、融资租赁和海事保险等业务领域，在海事仲裁、航运保险和融资租赁等方面起着资源配置中心的角色。

总体而言，粤港澳三地海洋产业构成特征鲜明，广东 9 市海洋产业门类较为健全，主导产业为海洋旅游业、海洋交通运输业、海洋船舶与工程装备制造业等。香港主要以航运服务业、金融服务业为主，澳门主要以海洋旅游业为主，但由于体制机制差异导致三地尚未形成海洋产业协同联动的良性格局。

3.1.3　广东推动珠三角核心区海洋经济发展的举措

中央及有关部门高度重视粤港澳大湾区建设，国家发展改革委、科技部、人民银行、交通运输部等多个部门对此作出了系列部署。自 2017 年

7月1日，国家发展和改革委员会、粤港澳三地政府联合签署《深化粤港澳合作 推进大湾区建设框架协议》，粤港澳大湾区进入全面建设新阶段。无论是2017年10月的党的十九大报告，2018年3月习近平总书记在参加第十三届全国人民代表大会第一次会议广东代表团审议时作出的重要指示，还是2018年5月国务院颁布的《进一步深化中国（广东）自由贸易试验区改革开放方案》以及2020年5月中国人民银行、中国银行保险监督管理委员会、中国证券监督管理委员会、国家外汇管理局发布的《关于金融支持粤港澳大湾区建设的意见》等文件，均表明了中央层面奋力推动粤港澳大湾区建设，提升其在国家经济总体发展格局中的重要作用的坚定决心。

广东在深刻领会中央区域发展战略的基础上，结合自身实际开展了大量工作，在推动珠三角核心区及粤港澳大湾区海洋经济发展方面取得了良好成效。

一是加强顶层设计，突出涉海政策和规划引领作用。2017年11月，中共广东省委十二届二次全会就如何全面学习宣传贯彻党的十九大精神专门对推动粤港澳大湾区建设提出新要求。2019年7月，广东省委、省政府印发《中共广东省委 广东省人民政府关于贯彻落实〈粤港澳大湾区发展规划纲要〉的实施意见》，同时广东省推进粤港澳大湾区建设领导小组印发《广东省推进粤港澳大湾区建设三年行动计划（2018—2020年）》，提出了大力发展海洋经济，对发展游轮游艇旅游和滨海旅游等重点内容进行了分工部署。2021年上半年，广东省人民政府印发的《广东省国民经济和社会发展第十四个五年规划和2035年远景目标纲要》设置海洋专章，提出加快构建海洋开发新格局，"十四五"期间要"建设区域性海洋经济动力引擎，推动粤港澳大湾区大力发展海洋经济，谋划建设一批海洋合作重大平台及海洋高质量发展示范区。"2021年12月，广东省人民政府办公厅关于印发的《广东省海洋经济发展"十四五"规划的通知》，在"推动形成陆海统筹内外联动海洋经济空间布局"一章中提出了"着力提升珠三角核心发展能级"的重要目标，并要求"珠三角核心区着力发挥核心引领作用，构筑双区驱动、双城联动和多点支撑格局，争创一批现代海洋城市，打造海洋经济发展引擎。"

广东省直部门也基于自身职责出台相应规划和政策，例如，2019年12月，广东省自然资源厅、广东省发展和改革委员会、广东省工业和信息化厅联合印发《广东省加快发展海洋六大产业行动方案（2019—2021年）》，明确提出以海洋六大产业为抓手，建设全国海洋经济发展高地。2020年7月，广东省交通运输厅印发《绿色交通三年行动计划2020年工作任务》，不断加快运输结构调整。

二是加强各类海洋资源保障和基础设施建设。2020年8月，广东省自然资源厅印发《百个重大建设项目"百日攻坚"专项行动工作方案》，为重大项目在规划、用地、用海、用林等方面做好要素保障，其中包括深圳机场三跑道、黄茅海通道和埃克森美孚等一批珠三角核心区特别重大用海项目。

广东积极打造全球港口链，推进智慧港口建设，海洋对外贸易持续向好发展。2020年6月，继港珠澳大桥、深中通道之后，粤港澳大湾区又一跨海通道工程——黄茅海跨海通道建设提上日程。这些重大海洋基础设施的建设有利于畅通对外联系通道、提升内部联通水平，为经济发展提供基础保障。

三是推动重点海洋产业发展。广东以海洋电子信息、海上风电、海洋生物、海工装备、天然气水合物和海洋公共服务等海洋六大产业为抓手，加快培育海洋战略性新兴产业，有效促进广东省海洋领域科技创新成果转化。广东省自然资源厅启动省级海洋经济高质量发展示范区建设调研，开展海洋产业集群建设研究，全力支持和推进珠三角核心区海洋产业集群建设。积极联合国家开发银行广东省分行举办开发性金融支持广东省海洋经济发展项目推进会，有利于缓解海洋领域融资难现状，引导、推动各类金融资本参与海洋经济发展，构建多元化的投融资体系。

四是助推海洋科技创新中心建设。2017年9月，广东省海洋与渔业厅、国家海洋局南海分局等8家单位共同发起组建广东海洋创新联盟，力图最大程度集聚海洋科技创新力量，让海洋创新联盟成为广东海洋创新之家。2018年11月起，南方海洋科学与工程广东省实验室在珠海和广州两地分别揭牌，有助于进一步整合粤港澳三地的研究队伍，提升珠三角核心区海洋科技创新能力，发挥集团军优势，带动区域海洋科技与海洋经济发展。2018年起，广东设立省级促进海洋经济发展专项资金，截至2021年已累计支持专项项目201项。以"广深港""广珠澳"科创走廊（两廊）和深圳河套、珠海横琴创新极点（两点）为主体的珠三角核心区国际科技创新中心框架基本建立。

　　五是助力海洋生态文明建设。广东省财政连续 3 年每年下达 2 亿元专项资金，支持东莞滨海湾新区等 11 个海岸带保护与利用综合示范区建设。广东省自然资源厅印发了《广东省推进粤港澳大湾区海岸带生态保护修复减灾三年行动计划（2020—2022 年）》，构建粤港澳大湾区海洋生态修复项目库，打造大湾区生态保护屏障。

　　六是完善珠三角核心区合作机制建设。广东省自然资源厅起草了《关于支持横琴粤澳深度合作区建设的若干措施》和《关于支持全面深化前海深港现代服务业合作区改革开放的若干措施》，并最终由中共中央、国务院正式印发实施。2021 年上半年，《深圳市推进高度便利化的境外专业人才执业制度的实施方案》《港澳涉税专业人士在中国（广东）自由贸易试验区深圳前海蛇口片区执业管理暂行办法》正式印发，有利于珠三角核心区内人才资源要素更加便捷高效流动，促进区域内合作保障机制进一步完善，提升粤港澳一体化发展水平。

　　当然，在粤港澳三地海洋经济合作过程中，由于政治、法律、文化等多方面的差异，导致粤港澳大湾区形成了"一个国家、两种制度、三个关税区、四个核心城市"的格局，在海洋经济发展体制方面存在一定的障碍。主要体现在：①政府调控经济发展的力度、方式存在显著差异。基于历史原因，香港、澳门两地形成了自由市场经济体制，市场的运行更多地通过价值规律、供求关系及竞争机制等自身调节实现。而内地是社会主义市场经济体制，政府在维持市场健康运行方面起着举足轻重的作用。这种经济体制的差异导致香港和澳门与内地经济互联时合作效率降低。②粤港澳区域海洋经济互补性偏弱，分工合作模式面临困难。经过多年的发展，广东省海洋经济实力相较香港和澳门地区发生了根本性的改变，对外贸易区域扩张到全球各地。香港和澳门资本对广东省经济的积极带动效应减弱，以比较优势为基础的产业分工模式已不能满足当下海洋经济发展需求。③海洋生产要素在三地之间流通还存在一定程度障碍。由于三地无法突破行政区划，目前粤港澳三地在海洋经济发展涉及的人流、商流、物流、资金流和信息流流通等方面还存在障碍，难以实现生产要素高效流通与优化配置，因此，建立要素无障碍流通的现代海洋经济圈仍然任重道远。

3.2 科技引领海洋产业生态化发展现状分析

2018 年 6 月 9 日，中共广东省委十二届四次全会提出，要大力发展海洋经济、全面建设海洋强省。2019 年年底，广东省自然资源厅、广东省发展和改革委员会、广东省工业和信息化厅印发《广东省加快发展海洋六大产业行动方案（2019—2021 年）》，提出切实把海洋作为高质量发展的战略要地，培育壮大海洋战略性新兴产业，加快发展海洋电子信息、海上风电、海洋生物、海洋工程装备、天然气水合物和海洋公共服务六大产业。目前，广东正围绕夯实海洋六大产业发展基础，突出利用技术手段实现产业创新，从发展海洋新兴技术、加强循环生产技术研究、搭建海洋低碳产业链条等方面，促进海洋六大产业加快产业生态化发展。

3.2.1 海洋电子信息产业

广东是电子信息产业大省和强省。2019 年，广东省电子信息制造产业实现销售产值 4.16 万亿元，拥有华为、TCL、中兴、研祥等一大批实力雄厚的电子信息骨干企业，带动了海洋电子信息产业快速发展，全省从事海洋电子设备制造和信息服务活动的涉海机构超过 1500 家，2019 年新注册社会企业约 80 家。依托深厚的产业基础，涌现了邦彦技术、海能达、云洲创新、汇川技术等一批战略性新兴产业企业，在船舶电子、海洋观测和探测、海洋通信、海洋电子元器件等海洋电子信息领域不断取得关键技术的突破，掌握自主核心技术。广东省海洋电子信息产业发展覆盖水上、水面、水下、港口等方面的电子信息设备制造及信息服务领域。为了开发与充分利用海洋、海岛、港口等海洋资源，海洋电子信息产业实现了生产线与生产设备的生态再造或生态创新，促使生态化设备替代生态化产品，未来还将围绕"四纵"（天基、空基、水面和水下海洋电子信息）产业链和"四横"（传感器、数据通信、数据汇聚和运营应用）应用链集聚创新要素资源，支持开展关键基础性海洋电子信息技术研发，对一批技术含量高、应用前景好的海洋电子信息装备进行技术攻关，实现更高层次的产业升级，打造具有自主知识产权的高端海洋电子信息产品。

3.2.2 海上风电产业

广东省初步形成了集海上风电机组研发设计、装备制造、工程设计、施工安装、运营维护、专业服务于一体的海上风电全产业链，产业链发展逐步完善。海上风电开发在广东省实现了与海洋能综合利用、海洋渔业与旅游业的融合发展，延伸出其他相关产业。同时，海上风电产业凭借海上风能资源的可持续性和大发电功率的特点，成为减少能源生产环节碳排放的重要技术之一。在协调风电开发与生态环境保护之间的关系方面，珠海桂山海上风电项目和万山海岛新能源示范项目，考虑到选址周边分布有中华白海豚国家自然保护区等特殊海域，提出了兼顾发电效益和集约用海的优选方案，并采取多种海洋环境监测和保护措施，确保项目在建设和运营期间对环境和海洋生物的影响尽可能降到最低；在"海上风电＋海洋牧场"的创新融合上，阳江市阳西青洲岛正在打造全国面积最大、与风电场融合建设的海洋牧场，"海上风电＋海洋牧场"项目将挖掘阳西海洋牧场和休闲渔业发展潜力，通过集约节约使用有限海洋空间，建设集生态修复、资源养护、海上风电与海洋牧场融合发展、耕海牧渔和智能管理于一体，具有阳江特色的生态化、景观化、品牌化和信息化的现代化海洋牧场，从而开创"水上产出清洁能源＋水下产出绿色产品"的新型生产方式。在推进智慧能源系统建设上，上海电气风电广东海上风电智能制造项目依托汕头研发体系，充分利用汕头粤东海域丰富的风能、光能自然资源，构建集分散式风电、分布式光伏、新型储能装置、充电车桩设备、智能楼宇监控、微网控制器、智能能量调度管理平台为一体的综合能源系统，成为上海电气首个工业园区级"能源互联网＋"示范项目，形成了智慧能源相关技术标准，完善了商业模式。

3.2.3 海洋生物产业

目前，广东省建设了一批集研发、中试、产业化为一体的海洋生物相关高新技术园区，包括广州海珠海洋生物技术产业开发示范基地、广州国际生物岛、中山大学南海海洋生物技术国家工程研究中心、国家生物产业基地龙岗海洋生物产业园、大鹏海洋生物产业园等。同时，广东主要依托中山大学、中国科学院南海海洋研究所和广东海洋大学等科研单位和高校的重要研究平台，在海洋生物医药领域取得了卓有成效的进展。这些关键技术是广东海洋生物医药产业发展的核心动力，也使海洋药物产业的发展与海洋生态环境和资源的保护相协调，形成良性互动。通过与国内优势单位进行技术联合，合作攻克海洋生物技术领域的卡脖子技术难题，合作投资科技成果转化率高的项目，形成快速产生效益的海洋生物医药经济增长点，弥补广东科研力量不足的缺陷。

3.2.4　海洋工程装备产业

目前，广东省拥有规模以上船舶制造企业 68 家，年产值约占全省船舶制造业的 95%。在制造基地布局上，珠海高栏港海洋工程装备产业基地产业聚集程度、创新能力、低碳经济指标等均处于全省前列，已成为广东省乃至华南地区最具影响力的海洋工程装备产业基地。广东省积极推进智能船舶、生态环保船舶等的研发和产业化，推动了绿色智慧型移动浮岛示范工程建设，在深远海养殖平台、深海载人潜水器、海洋可再生能源和矿产资源开发装备等方面的研发和示范应用广泛。例如，深圳海斯比移动浮岛，采用"多层、多体式小水线面专利船型技术"进行设计，水线面以下的船体具有良好的过水性能，其碎波效果能有效化解波浪流的作用力，因而能抵抗 17 级台风的侵袭；在减少能源消耗污染方面，企业积极研发无人船技术，实施绿色动能建造。船舶自主航行通过减少驾驶员直至实现无人自主航行，可实现船舶设计建造的革命性突破，同样载重能力可节约超过 20% 的建造成本、20% 的运营成本，减少 15% 的燃油消耗并大幅度降低排放，实现健康可持续发展。

3.2.5　天然气水合物产业

天然气水合物具有能效高、清洁、污染小的特点，是在低温高压条件下由水和天然气形成的冰状固态物质，分布于陆域永久冻土或深海沉积物中。目前，广东省天然气水合物开发技术和装备制造取得突破性进展，突破从"垂直井"到"水平井"开采核心关键技术，实现从"探索性试采"向"试验性试采"的重大跨越。自主研发了一套天然气水合物勘查开采产业化的关键技术装备体系，自主创新构建了覆盖试采全过程的大气、水体、海底、井下"四位一体"环境监测体系。监测结果表明，实现试采生态环境安全可控，试采过程甲烷无泄漏，大气、水体生态环境无污染，海底和井下未发生地质灾害，初步证实天然气水合物绿色开发可行。

3.2.6 海洋公共服务业

结合广东省的海洋经济发展，重点发展的海洋公共服务业主要是指以政府为中心、以其他涉海主体为合作对象，为满足海洋空间管理、海洋经济发展和沿海居民的公共利益诉求而提供的一系列公共产品和服务的总称。具体而言，海洋公共服务供给能力主要体现为海洋产业服务、海洋公共管理、海洋科技服务、海洋环境保护和海洋经济社会服务5项内容[①]。海洋公共服务的主体是以政府行政机关为核心，同时包括企事业单位和社会组织；海洋公共服务的客体是围绕海洋而产生的各种公共事务；海洋公共服务的目标是为了更加有效地开发利用海洋资源、保护海洋环境和发展海洋经济，实现海洋经济社会的可持续发展；海洋公共服务的内容包括服务于海洋经济发展需求、海洋科技创新服务、海洋生态环境保护、海洋金融服务、沿海社会民生需求、海洋防灾减灾、海上应急保障和海洋调查测绘等。在《广东省海洋经济地图》中将海洋公共服务业划分为6大领域，分别是海洋调查服务、海洋环境污染监控与治理、海洋环境监测与灾害预警、海洋资源及信息共享服务、海洋通信与导航定位和海洋公共安全和国防安全。

由于海洋公共服务的主体是以政府行政机关为核心，因此，海洋公共服务产业的发展可以更好地体现生态文明建设的要求，对生态环境友好的产业进行倾斜性的服务支持。2019年，广东省自然资源厅为进一步优化海洋产业结构，确保海洋经济持续稳定增长，通过发布《2020年省级促进经

---

① 资料来源：《广东省海洋公共服务产业发展蓝皮书》。

济发展专项资金（海洋战略新兴产业、海洋公共服务）项目申报指南》进
一步确立了海洋公共服务产业为重点支持海洋创新与产业发展的对象。重
点支持了海洋公共服务产业 25 个项目、资助金额 4800 万元，涉及海洋空
间资源承载能力、海洋生态和海域海岸带修复、海洋灾害预防和治理、海
洋立体观测网等领域。2020 年完成发明专利 9 项、软件著作 7 项。

目前，广东省的海洋公共服务业在不断加快互联网、云计算、大数据
等信息技术与海洋产业的深度融合，建设全省海洋立体观测网。完善省市
县三级监测中心站，重点建设珠三角区域海洋环境监测网。谋划建设全省
海岸带生态物联网，重点开发入海污染物实时在线监测系统、外来入侵生
物风险评估与监测预警网络。探索建立海洋资源环境承载能力监测预警机
制，组织沿海市县开展区域海洋资源要素、环境要素、经济社会要素等综
合调查，对海上渔船安全实时监控，完善海上搜救应急服务。

海洋预警监测系统智能化发展。建成网河区风暴潮精细化预报系统，
自主研发风暴潮智能监测设备组网，结合 AI（人工智能）图像识别、数值
模拟和大数据信息技术，实现风暴潮灾害全时预警和精细化预报。海洋防
灾减灾预警体系初步建成。在全国率先打造"海、陆、天"三位一体的海
洋立体观测网，全省建设运行 100 个海洋监测站、2 个平台站和 38 个浮标
观测站点，以及 42 个长期验潮站、58 个简易验潮站。海洋防灾减灾能力
不断提升，高标准建设省级海洋预警报综合服务平台，在全省 90 个岸段
设置警戒潮位标识物。

广州和深圳海洋电子信息企业蓬勃发展，基于海洋大数据的应急指挥
信息管理系统，已在大型港口应用。加快布局海岸带生态物联网系统，建
设广东的"全球海洋立体观测网"，正在打造广州和深圳两大海洋公共服
务业集聚区，培育世界级海洋公共服务业中心。

3.2.7 存在的主要问题

第一，核心科技制约问题较为突出。

广东海工装备产业"缺芯少核"问题突出，海洋工程装备制造所需
的配套装备规格种类较多、技术含量高，国外供应商基本垄断了专利技术

多、附加值高的基础配套设备，导致广东在关键设备、关键技术、关键原材料等方面依赖进口的局面还没有根本改变，配套设备的国产化率偏低，同时能在各个细分领域掌握核心技术的"专精特新"企业还不够多，关键核心部件的自主研发设计能力尚待成熟。在海洋监测、智能航海等海洋电子信息领域，海洋仪器产品同样严重依赖进口，海洋仪器行业能够国产化的产品相对单一，国产化产品成本高但市场接受度不高，再加上产业链相关企业之间的专业化协作程度较低，区域内产业链不能有效衔接，企业、社区以及园区环境之间未能通过资源的交换和再循环网络，实现物质最大限度地再循环，海洋电子信息产业生态尚未完善。

第二，海洋产业生态化的政策指导不够。

广东省为推动海洋产业科技化、生态化转型，朝着生态化的方向发展，已制定相关政策，包括对海洋六大产业构建产业集群和循环产业链作出指导的政策，通过提高资源利用效率和实现产业循环发展来减少海洋产业对海洋生态的影响，但总的来说，这些政策在内容上未能对海洋产业生态化发展作出具体指导。比如，海洋可再生能源是保证海洋经济可持续发展和海洋产业生态化发展的重要产业，广东省在海洋可再生能源领域尚无专项支持，政策方面也没有专门的法规或政策引导，缺乏相应的战略性规划和资金支持。广东在如何引导清洁生产进行生态化改造方面的意识还有待加强。这同时也体现了广东目前的政策制定更多关注的是对产业的宏观方面进行指导，而对企业、行业生产等细化指导不够。

第三，产业生态化建设成本较高。

海上风电项目主要考虑工程造价和发电的经济效益，对海洋生态环境保护的考虑多在技术可实现范围内考虑。目前，海上风电设备、施工技术、项目建设和运维成本仍存在较大不确定性，海上风电投资回报率较难明确，不仅对海上风电项目后续持续运营造成潜在影响，对海洋环境保护也存在一定的影响。由于海上风电产业发展起步较晚，尚缺乏海上风电建设对海洋环境、生态和资源影响的长期累积效应研究，海上风电场对海洋生态环境的影响尚无法确定。

第四，资源开发中存在潜在生态环境风险。

应对海洋环境突发事件、防范风险是海洋生态环境保护工作的重要组成部分。目前，广东省仍有高生态风险和资源消耗型产业在重要海洋生态区域附近布局，产业布局与海域资源环境承载力不相协调的矛盾突出，海洋环境风险加大，海洋资源开发中的安全管控水平影响产业生态化程度。以天然气水合物为例，可燃冰在海域开发过程中引发的生态破坏体现在可燃冰层中天然气溢出到海水中会使微生物氧化作用更为显著，海水中的大量氧气被消耗而导致海水缺氧，海水的化学性质受到严重影响，海洋微生物的生长和多样性也因此遭到破坏。如何通过相应技术对可燃冰稳定存在的温度和压力条件进行改变，从而使可燃冰加速分解成天然气，是海域可燃冰开采的基本策略和原理。开采可燃冰需要借助一些特殊的化学试剂来实现开采，而化学试剂是有毒性的，一些生活在可燃冰层附近的生物（如浮游微型动物和大型底栖动物）将在化学试剂的作用下无法生存，水合物分解、甲烷渗漏还可能影响海洋生物群落。在天然气水合物产业开采安全和环保方面的研究，主要专注于水合物本身分解后天然气所产生的温室效应、地质滑坡、环境影响的理论分析和模拟实验，没有与开发工程相结合，更没有针对不同开发模式所引起的安全环保风险研究及模拟实验，因此，还需要详细探讨。

第五，海洋公共服务管理投入不足。

政府对海洋公共服务的投入相对于广东海洋经济社会发展需求而言，仍存在供不应求的问题。在海洋公共服务管理投入方面，海洋公共服务水平的提升是海洋经济社会高质量发展的重要保障，与沿海居民海洋生产、海洋生活和海洋经济的需求相比，目前所提供的海洋公共服务产品总量不足，海洋公共服务的投入仍然偏低，尤其是在海洋基础设施、国民海洋教育等海洋公共产品供给方面还不能完全满足广东建设海洋强省的需求。

3.3 海洋资源开发、保护与管控现状分析

3.3.1 海洋资源情况

珠三角核心区海域辽阔，岸线漫长，海湾优良，岛礁众多，滩涂广布，港口条件优越，海洋资源优势明显。

一是拥有丰富的岸线、港湾和海岛资源。珠三角核心区所辖 7 个沿海市大陆岸线长 1479.9 千米（2008 年山东省政府批复岸线），海岛 1121 个，大部分海岛由基岩丘陵组成。主要海湾包括大亚湾、大鹏湾、广海湾、伶仃洋、高栏港、银洲湖、镇海湾等。

二是滩涂面积大。珠三角核心区广东省沿海 7 市滩涂资源面积约714.88 平方千米，主要分布在惠州考洲洋、范和港等区域，这些滩涂资源为湾区内渔业、旅游业及临海工业等提供了必要的空间资源保障。

三是拥有优质的滨海旅游资源。既有巽寮湾、双月湾、大小梅沙等优质沙滩、福田红树林滨海湿地、南沙湿地、上下川岛海岛等滨海自然景观，又有岭南特色鲜明的人文景观，以及虎门销烟、崖门等海战历史遗迹。

四是具有丰富的可再生能源和砂矿资源。包括太阳能、风能、波浪能等，桂山、万山海域已开发海上风电。矿产资源主要包括海砂，珠江口海域海砂分布包括表层海砂和埋藏砂体，据调查，20 米水深以浅海域表层砂体分布共19 个，埋藏砂体分布共 17 个，预测总储量 17.87×10^8 立方米。

3.3.2 海洋资源开发与保护现状分析

3.3.2.1 珠三角核心区海洋资源开发现状

广东省海洋自然资源充裕，经济基础雄厚。近年来，海洋经济一直保持高速增长，在全省 GDP 中的占比不断提高，已经逐步成为广东省的重要支柱经济类别[66]。一是广东拥有广阔海域和漫长海岸线。广东海域面积辽阔，全省海域面积达到 41.9 万平方千米，是陆地面积的 2.3 倍。广东全省海岸线长达 8500 千米，占全国海岸线的 1/3 以上。二是广东滨海旅游资源丰富。广东海岸包括大鹏半岛海岸、南澳岛海岸、巽寮湾海岸、大小梅沙海岸、东澳岛玲玎海岸、海陵岛海岸、遮浪半岛海岸、湛江金沙湾海岸、茂名中国第一滩海岸、上下川岛海岸、惠州黑排角等，其中，大鹏半岛海岸更是被《中国国家地理》杂志评为中国最美八大海岸之一。截至 2019 年年底，全省拥有AAA 级及以上滨海景区 31 家。全省海洋旅游业增加值 3581 亿元，同比增长 8.2%。三是广东海洋风能资源潜力巨大。沿海风能资源达到 3~6 级，年平均风功率密度为 300～600 瓦 1 平方米，是全国海上风能资源最丰富的三大地区之一，海上风能资源得天独厚，海上风电具有非常大的发展潜力。

3.3.2.2 珠三角核心区海洋资源保护现状

一是开展了海洋基线调查与评价。

准确地摸清海洋资源并定期更新，对于未来海洋资源开发和生态环境保护至关重要。珠三角核心区具有相对完整的地理和生态单元特性，区内各个城市所处自然环境相近但各自又处在不同的发展阶段。随着区域经济发展和城乡一体化进程加快，海洋生态环境区域化特征越来越明显，生态系统跨界保护和修复需求越来越迫切。因此，迫切需要联合开展基线调查，探索合理布设监测站位和监测要素，统筹建立三方认可的国际化评价体系，科学、准确地分析评价海洋资源与生态环境变化趋势和开发利用潜力，实现对珠三角核心区海洋资源与生态环境的有效管理。为此，广东提出了要开展海洋生态趋势性监测和基线调查，掌握近海生态类型、保护目标的分布和基本特征。针对重要生态类型细化掌握数量、质量、受损情况和保护利用状况，跟踪海洋生态变化趋势。按自然资源部的要求，配合国家做好海洋碳汇监测评估。同时，实施了典型生态系统基线调查，建立了典型生态系统定期调查制度。并配合国家做了海草床、红树林、盐沼等典型蓝碳生态系统碳储量调查评估。在前期调查的基础上，广东省提出到2025 年，要基本完成珊瑚礁、海草床、红树林、牡蛎礁、海藻场、盐沼、泥质海岸、砂质海岸、河口和海湾等 10 类典型生态系统的全省性调查。

二是打造国际一流的美丽湾区。

首先，强化海洋空间引导和约束。国际三大湾区都十分重视规划的引导作用，并对规划进行跟踪评价和适时修订，珠三角核心区需要打破行政区划造成的限制和障碍，统一规划布局各类资源要素。为此，广东推动编制《广东省海岸带综合保护与利用总体规划》，实施基于生态系统的海洋综合管理。划定并严守生态保护红线，筑牢沿海生态安全屏障。规范海岛开发秩序，大力发展海岛优势产业。科学配置海洋空间资源，深化海域、无居民海岛有偿使用制度。拓展蓝色经济空间，共同建设现代海洋产业基地，打造海洋经济高质量发展战略要地。

其次，加强海洋生态保护与修复。加强了珠江口珍稀濒危海洋物种保护，建立典型海洋生物监测、评价和预警平台。开展了典型外来入侵物种防治行动，建立外来入侵物种数据库。研究选划了珠江口海洋类型国家公园，完善自然保护地体系。探索建立了海洋生态补偿机制和海洋生态损害赔偿机制。同时，注重加强海岸线保护与管控，坚守自然岸线保有率底线，建立了海岸建筑退缩线制度。强化近岸海域生态系统保护与修复，开展了"生态岛礁"工程。目前，粤港澳特色生态宜居休闲湾区初步形成。

再次，实施污染治理和综合整治。珠三角核心区跨区域的海洋污染治理经验较为丰富，如深港两地 2000 年开始制定实施的《后海湾（深圳湾）水污染控制联合实施方案》和粤港澳三地 2004 年实施的珠江口湿地生态保护工程等。双方开展了一系列卓有成效的工作，例如，河口海湾环境容量评估，完善入海排污许可证制度。建立健全了海洋垃圾清理防治协调机制，实施海漂垃圾和海洋微塑料源头治理及监测。建立海岸线垃圾清理机制和清理队伍，通过志愿服务和专门人员相结合等多种形式，开展有效的海岸垃圾清理工作。选取典型海湾实施美丽海湾建设，通过生境重构、生态化改造等方式对受损海湾实施整治修复。

最后，推动疏浚淤泥资源化利用。海洋工程如港口建设、航道开挖等在其建设施工和运行维护过程中会产生大量的疏浚淤泥。相关城市联合建立了科技攻关小组和试验、生产基地，对疏浚淤泥进行"收集、分选、处理、利用"，如将淤泥脱水、固化及经过化学处理后用于烧制砖瓦、制作陶瓷等，把疏浚淤泥资源化利用推向产业化，解决海洋工程产生的废弃物处理难题，实现其减量化、无害化和资源化利用。

3.3.3 海洋资源管控方面所做工作

一是以区域规划引领珠三角核心区及粤港澳大湾区环境合作。

2009 年国务院批准实施《珠江三角洲地区改革发展规划纲要（2008—2020 年）》。2012 年，粤港澳共同分布《共建优质生活圈专项规划》。这些规划以合作解决区域公共问题为出发点，设计了粤港澳区域合作的蓝图，奠定了区域环境合作的政策基础。这些区域规划中对区域环境治理作了明确的规定和安排，为粤港澳、粤港、粤澳环境合作提供政策指引和行动建议。

（1）提出建设生态型城市群。2009年，粤港澳合作完成的《大珠江三角洲城镇群协调发展规划研究》，提出将大珠三角建成充满生机活力、具有全球竞争力、协调可持续的世界级城镇群。2012年，粤港澳共同编制完成的《共建优质生活圈专项规划》，提出将大珠三角建设成为绿色宜居城市群区域。

（2）主张共建优质生活圈。《珠江三角洲城镇群协调发展规划（2004—2020）》提出将大珠三角发展成富足、文明、和谐、宜居的优质生活圈。2008年，国务院颁布的《珠江三角洲地区改革发展规划纲要（2008—2020年）》强调粤港澳更紧密合作，在大珠三角地区共同建立绿色优质生活圈。特别是2012年粤港澳共同编制完成的《共建优质生活圈专项规划》，专门对共建优质生活圈的蓝图进行设计，将生态环保作为共建优质生活圈的前提条件。

（3）强调政府环境治理合作。《珠江三角洲地区改革发展规划纲要（2008—2020年）》要求建立污染联防联治机制，共建跨境生态保护区，保护水库集水区；支持共同研究合作发展清洁能源及可再生能源、实施清洁生产等方面的合作；鼓励粤港澳在物料回收、循环再利用等方面的合作；支持粤港澳三方共同编制区域合作规划；完善粤港联席会议机制和粤澳联席会议机制，增强行政首长联席会议的实际效用。

二是以行政协议推动粤港澳大湾区环境合作。

这类协议涉及大气环境、水环境和资源保护利用等多方面的合作。2009年8月，粤港共同签署《粤港环保合作协议》，合作领域包括空气污染防治、水环境保护、林业保育、清洁生产和环保产业、海洋渔业资源保护、资源循环利用等。2013年，珠海与澳门共同签订《珠澳环境保护合作协议》，协议重点开展两地水环境污染治理，特别是界河的治理。开展大气污染联防联治、废物利用及环保产业合作。深化环境紧急事故通报。2016年10月，香港与澳门两特区签订《港澳环境保护合作协议》，协议要求加强在空气污染防治、环境监测与研究、废物及污水管理、环评、环宣与培训、环保产业等方面的合作，以及加强重大跨境环境突发事故的通报。2017年3月，广东与澳门签署《2017—2020年粤澳环保合作协议》，推动编制粤港澳大湾区环境保护规划，推进环境监测、环境科研与交流、环境培训、环保宣传、环保产业、废旧车辆跨区转移处置、突发环境事件通报等方面的合作。二是专项性环境合作协议。2007年8月，广东和香港签订了《关于推动粤港两地企业开展节能、清洁生产及资源综合利用工作的合作协议》。双方承诺加强推动粤港企业节能、清洁生产及资源利用方面的合作；加强区域协作，共同支持两地工商界的环保计划；在实施计划、节能、清洁生产及资源利用的技术标准等方面加强沟通交流。

三是以联席制度保障粤港澳大湾区环境合作。

《粤港合作框架协议》和《粤澳合作框架协议》都要求建立和完善粤港、粤澳合作联席会议制度，共同研究决定有关合作项目和事项，强化协调和执行职能，设立或调整合作专责小组，联席会议这种高规格的领导机构，有效推动了粤港澳大湾区海洋资源管控的进展。

首先是粤港合作联席会议。1998年3月，香港前特首董建华提议建立粤港联席会议制度，很快双方政府举行了首次粤港合作联席会议。粤港联席会议每年举行一次，在广州和香港两地轮流召开。从2003年起，联席会议由两地行政首长共同主持，使粤港官方合作进入实质性阶段。到2016年，粤港合作联席会议召开第19次会议。粤港联席会议为两地环境管理提供交流平台，通过联席会议签订多项环保协议和相关协议，例如，2015年，粤港在会上签订了包括《2016—2020年粤港环保合作协议》在内的9份合作协议。

其次是粤澳合作联席会议。2001年，粤澳高层会晤制度开始运作，2003年12月，建立粤澳合作联席会议制度，取代粤澳高层会晤制度。粤澳合作联席会议下设联络办公室，联席会议主要磋商下阶段粤澳合作方向、合作重点及重大经济社会问题。每年在广东和澳门轮流举行。同时联席会议下可根据需要设立若干项目专责小组。专责小组之下还可设专项工作小组。2008年7月，在粤澳合作联席会议框架下成立珠澳合作专责小组，作为政府间直接沟通联系机制。2010年10月，珠澳合作专责小组增设"珠澳环保合作工作小组"。珠澳环保合作工作小组每年召开一次联席会议，建立环保专责和联络机制。

四是以合作小组推进粤港澳大湾区环境合作。

首先是建立粤港持续发展与环保合作小组。1990年，粤港环境保护联络小组成立，2000年将其更名为"粤港持续发展与环保合作小组"。粤港持续发展与环保合作小组由香港食物环境卫生署署长和时任广东省环境保护局局长担任双方组长，该合作小组主要负责两地在环境合作领域的政策制定和管理；磋商环境及可持续发展问题；检讨环保项目对两地生态环境可能带来的影响；交换两地环境保护方面的数据；对合作小组各项计划的执行情况进行定期回顾。合作小组下设专家小组及多个专题（责）小组，负责对合作小组制订的工作计划、减排政策进行具体的落实、监察和指挥。到2016年，粤港持续发展与环保合作小组先后已召开了16次会议。

其次是粤澳环保合作专责小组。2000年建立粤澳环保合作机构，2002年5月建立"粤澳环保合作专责小组"。粤方成员除了当时的省环境保护局、省水利厅、省港澳事务办公室，还包括当时的珠海市与中山市的环境保护局等单位，澳方成员包括澳门环境保护局、港务局、地球物理暨气象局等。下设林业及护理专题小组、空气质量合作专项小组和水葫芦治理专项小组。从2002年开始，水葫芦治理专项小组联手澳门、中山和珠海，治理澳门附近海域和航道的水浮莲取得了较好成果。2008年12月，成立"珠澳合作专责小组"，自珠澳环保合作工作小组成立以来，建立了联络沟通机制，建立起珠澳环境合作的主要交流平台。2017年，珠澳环保合作工作小组提出了未来的合作计划，珠澳双方就水环境污染、突发环境事件的通报及处理、生态技术和环保产业交流、环境宣传教育等方面的议题进行了深入讨论。

五是以环保工程落实粤港澳大湾区环境合作。

水环境治理是粤港澳环境合作的重头戏之一，主要在涉及跨界河流、珠江口近岸海域治理工程的研究和治理方面合作。粤港澳水环境治理合作主要是深港、珠澳之间的合作。跨界河流主要是深港、珠澳的界河，如深港边界河流——深圳河，珠澳边界河流——鸭涌河、前山河等。一是深圳河治理工程。深圳河是深圳与香港的界河，流入深圳湾，全长37千米，北岸深圳占流域面积的60%，香港占40%。早在1981年12月，深圳市与港英政府就深圳河治理展开谈判，并于1982年4月组成联合小组展开工作，着手编制深圳河治理的前期规划，出台《深圳河防洪规划报告书》。由于两地当时没有达成合作共识，到1995年深圳河工程才正式动工。经过治理，深圳河的生态环境和环境面貌得到极大的改善。二是深圳湾治理工程。为了治理深圳湾，深港两地政府投放资源，拓建与优化深圳湾集水区内的污水基础设施，

2000 年共同制定《后海湾（深圳湾）水污染控制联合实施方案》，并于 2007 年修订。该实施方案订立了深圳湾污染物减排目标，逐步削减污染负荷。双方根据方案积极治理水环境，深圳湾水质得到了改善。2016 年深港完成《后海湾（深圳湾）水污染控制联合实施方案》第二次回顾研究，并确定进一步合作计划。三是大鹏湾治理工程。2003 年，深港合作完成《大鹏湾水质区域控制策略》的研究，并推行《策略》中的相关建议。2008 年深港开展《大鹏湾水质区域控制策略》首次回顾研究，2011 年完成研究工作，提出保护大鹏湾水环境的补充建议。四是珠江口治理工程。2004 年，启动粤港澳三地珠江口湿地生态保护工程，该工程计划用时 5 年，种植 5 万公顷的红树林，并抢救珠江口周围 50 万公顷的珍贵湿地，从而构筑珠江口红树林湿地保护圈。2008 年，粤港两地合作建成一套先进的珠江河口地区水质数值模型，为河口水环境管理提供了科学分析工具。2009 年 2 月，粤港澳共同编制《环珠江口宜居湾区建设重点行动计划》。另外，在小珠三角，深莞惠三市之间、广佛两市、珠中江三市间在治理跨河流、河涌方面建立了合作机制，实施综合治理的工程和联合行动。

3.3.4 海洋资源开发与管控存在的主要问题

第一，海洋资源开发水平较低。

珠三角核心区海洋资源开发的低水平、粗放式发展模式仍未从根本上得以扭转，突出表现为海洋产业尤其传统海洋产业技术水平较低，深加工、高附加值产品较少，且生产粗放、分散，集约化程度较低。对珠三角核心区海洋产业的比较劳动生产率分析发现，传统的海洋盐业、海滨砂矿等产业的比较劳动生产率最低，而作为海洋基础产业的海洋渔业，其生产技术水平仍相对落后，并已成为珠三角核心区海洋经济发展的瓶颈产业。附加值较高的海洋新兴产业，如海洋生物医药研发、游艇制造等，因前期重视程度不足，尚欠缺产业规划和政策倾斜支持，行业技术和专业人才也相对缺乏。

第二，海洋资源开发的创新主体不足。

近年来，珠三角核心区涌现一大批创新型的企业，但是涉海企业数量不多。珠三角核心区的实用专利申请数量虽然是在不断上升的，但是涉海实用专利申请数量占总体的实用专利申请数量比重较低，并且占比还呈现出越来越小的趋势。海洋经济的贡献与涉海专利申请数量不匹配，海洋经济创新发展的潜力仍较大，这主要是由于涉海创新主体的缺乏，直接导致涉海技术能力对海洋经济创新发展支撑能力不足。同时，虽然珠三角核心区吸引了大量的人才，但是真正涉海的科技创新人才还相对缺乏。这是由于海洋科技创新人才市场需求不合理和不匹配，使海洋科技人才培养落后于海洋经济高质量发展需求，创新型海洋科技人才培养还有待进一步优化。同时珠三角核心区目前人才要素流动还存在壁垒，在就业环境、优惠政策等方面还存在差异，这些因素导致海洋科技人才的聚集与海洋经济创新发展还存在一定的差距。

第三，海洋资源利用区域不均衡。

由于地区行政体制及社会经济条件的差距，深圳、广州经济实力雄厚，海洋经济发展快速，海洋资源利用高度集中。江门、珠海、惠州等地区尽管也具备良好的海洋资源禀赋，但由于长期以来经济发展水平偏低，海洋经济发展缓慢，导致海洋资源利用程度偏低。

第四，海洋资源配置待优化。

由于在海洋经济发展、产业结构、相关制度以及自身禀赋等方面存在着较大差异，深圳、广州等龙头城市自带强大的"虹吸效应"，促进大量人才、资本、设备、信息等海洋生产要素的集聚，惠州、江门、中山等相对落后的城市则难以集聚创新要素和资源。因此，珠三角核心区内海洋生产要素配置亟待优化。

第五，部分海洋资源同质开发问题突出。

由于海洋资源相似，且前期区域发展的协调度不高，珠三角核心区内存在典型的同质性竞争，造成产业分散，难以形成规模或发挥聚集效应。例如，近年来，在"一城一港"政策指导下，以及对港口带动作用的再认识，各地建设、发展港口的热情高涨，再加上港口经济腹地高度重叠等因素的叠加，珠三角核心区港口间的竞争相对激烈。在湾区几何中心半径100千米范围内，分布着广州 – 深圳 – 香港、中山 – 东莞 – 珠海等多组规模大小相似的港口，港口功能的类似加剧了珠三角港口群发展的不确定性。

第六，海洋资源保护仍面临着压力。

珠三角核心区总体呈现"先污染后治理"的状态，由于"历史欠账"多，长期积累的生态环境问题短期内没有根本改变。近30年来，珠三角核心区生态系统格局变化剧烈。1980—2016年，建设用地面积占比由0.7%提高到17.2%，生态系统破碎化程度高，部分城镇化区域生态安全形势严峻。珠江口海域污染依然严重，局部海域富营养化状况不容乐观；自然岸线不断减少，岸线开发利用方式粗放低效、破碎化，低效占有、无序圈占、浪费岸线资源等现象仍较为严重。珠江口、大亚湾生态监控区长期处于亚健康状态，红树林、珊瑚礁、海草床等南海典型生态系统受损明显。

第七，海洋资源开发存在制度性障碍。

粤港澳大湾区具有"一个国家、两种制度、三个关税区、四个中心城市"特征，这既是其海洋经济发展的独特优势，也是海洋资源开发的难题所在。三地的制度对海洋资源开发要素的顺利流动造成了一定的困难，这不仅削弱了珠三角核心区的海洋资源协同开发的创新能力，同时也阻碍了海洋技术创新效益的溢出，这也是海洋资源高质量开发亟须突破的难题。

第八，海洋资源治理缺乏协同机制。

在海洋管理上，三地的海洋管理机制尚不健全，海洋、海事、海警、边防等涉海部门职能交叉、多头执法等"越位、缺位、错位"问题并存，严重制约了海洋生态保护与开发管理的统筹力度。在规划上，三地缺少统一的规划，涉海经济规划和社会经济规划仍不同步，缺乏同步统一性。在环保政策方面，海洋开发规划、海洋污染惩罚、海洋生态补偿等政策缺乏硬约束，海洋开发保护的主体、权利、责任不明确，措施落实不具体。尽快加强粤港澳三地在海洋制度层面顶层设计、落实权责方面的协作，是推动珠三角核心区海洋经济高质量发展的关键。

3.4 海洋生态产业化发展现状分析

3.4.1 海洋生态产业发展总体现状

近年来，海洋经济已成为经济高质量发展的"蓝色引擎"，珠三角核心区正在逐步形成万亿级海洋产业集群。生态产业作为海洋产业发展布局的重要环节，其发展已初具规模。在生态渔业和生态旅游方面，已形成具有生态属性的产品和服务，生态产业化发展模式基本形成；在海上风电等新能源领域，处于生态产业化的中间阶段；在蓝色碳汇、岸线占补等领域，正在探索生态资源转化为生态资产的实现路径，具体表现如下。

一是以生态渔业和生态旅游为代表的可持续海洋生态产业发展模式基本形成。随着粗放型的海洋产业发展及海洋环境的恶化，发展转向集约型、环保高效的海洋生态产业已势在必行，珠三角核心区正积极利用科技创新等手段，逐步探索形成可持续的海洋生态产业发展模式，推进海洋渔业资源、旅游资源的生态价值深度转化为商品价值，并进一步延长海洋渔业、海洋旅游业的产业链条，形成生态环保的发展模式。

生态渔业方面主要体现通过海洋牧场的建设，深度挖掘渔业资源的经济价值，延长海洋渔业的产业链条。从 2002 年开始，广东省便拉开了 21 世纪我国沿海大规模开展人工鱼礁建设的序幕，成为首个以人大议案的形式推动大规模人工鱼礁建设的省份。2015 年起，广东在建设人工鱼礁方面继续发力，投入 1.5 亿元建设"大型人工鱼礁示范区建设项目"，在惠州东山海、珠海庙湾等 3 个海域，投放礁体 45 万空立方米以上。近年来，广东省积极践行"绿水青山就是金山银山"发展理念，高度重视海洋牧场建设，坚持把海洋牧场建设作为保护海洋生物资源、转变渔业发展方式、延伸渔业产业链条、提高渔民收入的重要举措。其中珠三角核心区内的典型案例包括①惠州小星山"现代渔业海上田园综合体"。惠州在小星山海域打造大型的生态养殖网箱综合平台，将结合当地海洋生态旅游产业的特点，以"渔旅融合、产业互动"为发展理念，以海洋牧场为载体，以人工珊瑚礁＋深水网箱＋休闲渔业＋渔港经济为建设内容，建成一个环境友好、生态优先型集养殖、旅游、水上运动、科普教育为一体的现代渔业养殖与海洋休闲旅游相融合的"现代渔业海上田园综合体"。②全国首座半潜式波浪能养殖网箱"澎湖号"。"澎湖号"由中国科学院广州能源研究所和招商局工业集团有限公司合作建造，可提供 1 万立方米养殖水体，具备 20 余人居住空间，300 立方米仓储空间，120 千瓦海洋能供电能力。依托以上技术优势，平台可搭载现代化渔业生产设备，实现智能化养殖，并开展休闲旅游应用示范，形成"网箱养殖＋休闲旅游"的新发展模式。

生态旅游方面，广东省人民政府办公厅关于印发了《广东省促进全域旅游发展实施方案的通知》，旨在继续完善滨海旅游产业带、北部生态旅游区和粤港澳世界级旅游休闲湾区功能，大力发展生态旅游产业，全面实现旅游发展全域化、旅游供给品质化、旅游治理规范化、旅游效益最大化，建成全域旅游示范省。目前，广东已拥有包括珠海横琴新区、惠州市、深圳市大鹏新区、惠州市南昆山生态旅游区、深圳市东部华侨城旅游度假区多个国家级生态文明示范区，以独特的自然生态、自然景观和与之共生的人文生态为依托，推动自然景观资源和人文资源的价值实现，形成了可持续发展的旅游区域。

二是以海上风电、海洋生物医药为代表的新兴海洋产业处于生态产业发展的探索阶段。随着国家近年来大力推进新兴海洋产业发展，利用海上风能、海洋生物等自然资源发展起来的海上风电、海洋生物医药等海洋新业态已经逐步孕育成长，并完成了资本累积，生态产业化发展已形成一定的基础。

在海上风电产业方面，目前珠三角核心区风能开发利用的基础和条件相对较好，珠三角核心区海域风功率密度等级 3～4 级，呈现自东向西递减、自近岸向海递增的趋势，沿海平均风速较大，风功率密度和风能利用小时数较高，湍流强度较低，风能资源丰富、品质较好。2009 年按照国家部署，广东省发展和改革委组织开展海上风电工程规划工作，《广东省海上风电场工程规划》于 2012 年获得国家能源局批复。之后进行修编，制定了《广东省海上风电发展规划（2017—2030 年）（修编）》，规划年限 2017—2030 年，近期至 2020 年，远期至 2030 年。2017 年以来，在广东省委、省政府的高度重视和大力推动下，广东省海上风电建设取得突破性进展，2018 年珠海桂山一期示范项目建成投产，海上风电建设开始实现规模化开发。截至 2021 年 5 月，已建成投产项目 5 个，总装机功率 132 万千瓦；在建项目 16 个，总装机功率 558 万千瓦。自规模化开发以来，海上风电建设投资成倍增长，其中 2018 年至 2020 年分别完成 71 亿元、156 亿元、415 亿元的投资额，2021 年一季度完成投资额约 148 亿元。总体而言，广东海上风电装备—施工—运营—专业服务产业已初步搭建。"十四五"期间，广东省继续统筹利用新能源资源和开发条件，坚持技术引领、项目带动，推动新能源开发与产业发展相互促进，加快推进生态产业化进程。

在海洋生物医药方面，2019 年中共中央、国务院印发的《粤港澳大湾区发展规划纲要》中指出要培育壮大海洋生物医药，珠三角核心区有条件的地市如深圳、广州等地近年来积极扶持海洋药物和生物制品业发展，对该产业加大了科研投入和政策倾斜，涌现出一批国内影响力较大的企业和机构，珠海粤澳合作中医药科技产业园等一批新兴产业项目相继启动，产业规模效应初显。目前，广东省主要依托中国科学院南海海洋研究所、中山大学等科研单位和重要研究平台，在海洋生物医药领域取得了卓有成效的进展，特别是在海洋生物资源挖掘、海洋天然产物和海洋药物研发，以及海洋微生物新型酶和肽的生物制品研发技术中显得尤为突出。南海海洋生物技术国家工程研究中心，正在进行海洋基因工程新药海葵强心肽、海蛇神经毒素新药的开发等。广东昂泰连锁企业集团有限公司，是海洋药物开发的先行者，也是目前广东海洋生物产品开发最大的企业之一。随着广东将海洋生物医药产业作为海洋六大产业之一予以大力发展，珠三角核心区海洋药物和生物制品业在未来迎来快速发展的良机。

三是以海洋碳汇、岸线占补为代表的涉海活动处于生态产业发展的萌芽阶段。为配合我国应对全球气候变化、实施低碳经济战略，碳汇指标成为新资源，海洋碳汇更成为重要生态资源；同时，为推进自然资源资产产权制度改革，海岸线等紧缺资源的生态价值属性得到进一步提升，岸线占补等新要求为生态产业发展提供了新指导。但海洋碳汇和岸线占补等涉海活动均是生态产业化发展中生态资源转化为生态资产的探索，生态产业化发展尚处于萌芽阶段。

在海洋碳汇方面，深圳市大鹏新区先行先试，2018 年率先开展覆盖辖区海域的海洋碳汇核算研究，2020 年编制完成了全国首个《海洋碳汇核算指南》。重点筛选出红树林、盐沼泽、养殖捕捞贝类、浮游植物和大型藻类等 7 个可交易碳汇类型及 11 项碳汇指标，选取 17 项排放因子，建立海洋资源数据库，建立海洋碳汇结构和潜力模型，预测新区海洋碳汇发展趋势，如海洋生物、近岸湿地、海水养殖活动的变化趋势等，动态全面地把握新区海洋资源和环境发展情况。并于 2021 年 6 月 8 日启动了大鹏半岛生态文明建设公益基金海洋碳汇增汇工程，以公益基金开展海洋碳汇增汇项目和珊瑚礁种植项目。

在岸线占补方面，2021 年 7 月，广东省自然资源厅印发《海岸线占补实施办法（试行）》，在明确"海岸线占补是指项目建设占用海岸线导致岸线原有形态或生态功能发生变化，要进行岸线整治修复，形成生态恢复岸线，实现岸线占用与修复补偿相平衡"的基础上，提出"海岸线占补可采取项目就地修复占补、本地市修复占补和购买海岸线指标占补等多种方式"。海岸线占补交易指标将作为资产在自然资源交易平台上进行交易。该实施办法尚处于试行阶段，是对海岸线占补的生态产业化路径的重要探索。

除此之外，珠三角核心区生态环境协调治理机制初步建立，为生态产业化发展创造了有利条件。坚持节约优先、保护优先、自然恢复为主的方针，以建设美丽湾区为引领，粤港澳以"一国两制"为基础，建立了粤港、粤澳合作联席会议和粤港澳联络协调会议机制，搭建了专责小组负责的区域性平台，初步建立了生态环境协调治理机制。粤港澳三地政府因跨境污染开始联手合作，1990 年粤港环境保护联络小组成立（2000 年升级为"粤港持续发展与环保合作小组"），此后三地环境保护合作不断拓展和深化。1995 年，深港两地就携手开展深圳河治理工程先后完成了河道清淤、堤防巩固、排污口整治、水面保洁等一系列工程。澳门自 2008 年起每年举办澳门国际环保合作发展论坛及展览，促进泛珠三角地区与国际市场间的环保商业、技术及信息交流。2014 年 9 月，粤港澳三地环保部门共同签署《粤港澳区域大气污染联防联治合作协议书》；2016 年粤港签订《2016—2020 年粤港环保合作协议》，同年，港澳签订《港澳环境保护合作协议》，2017 年粤澳签订《2017—2020 年粤澳环保合作协议》。后续粤港澳三地继续加强在区域大气、水、海洋污染等方面的联防联治，继续提升生态环境质量，探索形成节约资源和保护环境的空间格局、产业结构、生产方式和生活方式。粤港澳共同合作编制了一系列规划，2009 年三地共同研究《大珠江三角洲城镇群协调发展规划研究》和《环珠江口宜居湾区建设重点行动计划》，提出跨界环境合作计划，整治跨区域污染，加强湾区的湿地系统等环境保护，研究制定大珠三角环保框架协议，建立区域环境监测预报和灾害防治预警系统，建立粤港澳联络协调机制等。2012 年三地共同编制实施《共建优质生活圈专项规划》，提出联合开展珠江流域水环境综合治理；建立区域低碳发展合作机制，推进区域应对气候变化的合作等，广东省成为国内首个启动碳排放交易试点的省份。中山市等湾区城市也先后启动生态文明建设试点工作，湾区生态文明建设示范创建工作呈现蓬勃发展的态势。

3.4.2 海洋生态产业化发展基础和优势

对标世界三大湾区，珠三角核心区发展虽然起步较晚，但在创新要素聚集、资源禀赋、经济体量、政策优势及区位优势等方面，具备了与世界级湾区相当的基础，是进一步推动生态产业化发展，打造美丽湾区的有利条件。

3.4.2.1 政策优势

推进粤港澳大湾区建设，是党中央作出的重大决策，是习近平总书记亲自谋划、亲自部署、亲自推动的国家战略，是新时代推动形成全面开放新格局的重要举措，也是推动"一国两制"事业发展的新实践。2013年中共中央政治局就建设海洋强国进行第八次集体学习时，习近平总书记指出，要提高海洋资源开发能力，着力推动海洋经济向质量效益型转变；要保护海洋生态环境，着力推动海洋开发方式向循环利用型转变。2019年2月，中共中央、国务院印发了《粤港澳大湾区发展规划纲要》，提出要强化近岸海域生态系统保护与修复，加强粤港澳生态环境保护合作，共同改善生态环境系统，开展滨海湿地跨境联合保护等要求。同年4月，中共中央、国务院印发《关于统筹推进自然资源资产产权制度改革的指导意见》，鼓励政府机构、企业和其他社会主体，通过租赁、置换、赎买等方式扩大自然生态空间，促进生态资源的产业化、产品化，把生态资源变成可交易的东西。2019中国海洋经济博览会开幕之际，习近平总书记在贺信中指出，要高度重视海洋生态文明建设，加强海洋环境污染防治，保护海洋生物多样性，实现海洋资源有序开发利用。习近平总书记这些重要论述和有关规划、政策文件对珠三角核心区的海洋生态产业化发展指明了方向。

3.4.2.2　区位优势

珠三角核心区区位优势明显，位于中国大陆南部，由广东省的广州、佛山、肇庆、深圳、东莞、惠州、珠海、中山和江门9市组成，土地面积约5.6万平方千米，约占全国陆地面积的0.58%；海域面积达20 176平方千米，占全国管辖海域面积的0.67%，是我国开放程度最高、经济活力最强的区域之一。作为国家"一带一路"倡议的核心支撑区，优越的创新环境、丰富的自然资源、良好的生态环境等都将为珠三角核心区生态产业化发展提供优质的客观条件。

3.4.2.3　产业基础

珠三角核心区内目前已基本形成了海洋经济稳步发展，海洋产业门类完整、经济辐射能力较强的开放型经济体系，且粤港澳三地在海洋产业发展方面各具特色，广东形成了以海洋渔业、海洋油气、海洋工程装备制造业、滨海旅游业为主的海洋产业体系。与之相邻的香港则拥有发达的港口物流、航运服务、海洋金融保险、科研教育及其他专业服务等综合海洋服务优势。澳门的海洋经济发展主要集中在海洋旅游业、海洋交通运输业、海洋文化产业及澳门与内地合作发展海洋经济等几个主要的方面。珠三角核心区内核心城市——广州、深圳科技创新基础较好，拥有一批在全国乃至全球具有较高影响力的高校、科研院所、高新技术企业和国家重大科学工程，虽在生态方面的科研力量仍然较为分散，但潜力较大，发展前景广阔。

3.4.2.4　发展需求

珠三角核心区作为广东省乃至全国经济活力最强的区域之一，推动海洋经济高质量发展已成为珠三角核心区建设的必然选择。而海洋经济高质量发展不仅依赖于海洋生产总值的增长，更依赖于海洋生态文明的协同推进。因此，推动生态产业化发展，发展海洋生态产业，形成海洋经济与海洋生态之间的高效耦合发展模式来转变海洋经济增长方式，已成为推动海洋经济高质量发展的重要途径，也是推动珠三角核心区建设内在需求。

3.4.3 存在的主要问题

一是海洋生态综合管理能力有待提升。

总体上，珠三角核心区内生态产业化整体处于发展初期，涉及的海洋生态产业工程大多是政府主导项目，产业化发展较慢，主要原因是缺少相关的政策指导、市场化的管理机制、合理的考核评估办法、通畅的产权流转制度和明确的收益分配制度等。由于粤港澳三地受两种法系、三种不同法律制度的约束，尚未建立统一的海洋生态产业化发展组织领导和协调机制，海洋经济管理职能分散，且处于海陆交界区域的生态管理存在涉海部门职能交叉，易引发多头管理或空头管理，海洋部门统筹能力不足。三地编制涉海规划所采用的规范和导则不同，未能实现多规合一。珠三角核心区内海域使用权市场化工作配套的制度措施不够完善，海域使用权市场化配置改革推进缓慢，海域海岛资源管理工作有待进一步加强。

二是海洋环保力度有待增强。

在大力推进珠三角核心区生态产业化发展的同时，加强海洋生态环境和海洋生物资源的保护，也是重要且迫切的任务，但目前珠三角核心区内海洋环保力度不够，海洋生态环境仍有待改善。珠三角核心区内海洋生态环境压力仍然较大[67]，海洋生态红线制度和入海排污总量控制制度还处于起步阶段，随着海洋产业集群发展带来的水域环境污染问题依旧突出。沿海部分城镇生活污水未经达标处理直接排放入海，沿岸高位养殖池塘产生的养殖废水也存在部分只经初步沉淀或经沙滤排出的现象，沿岸陆源污染物排放控制压力大。重点海域、岸线的整治修复和滨海湿地、红树林等生态系统的修复投入力度还有待进一步加大，公众海洋环境保护意识有待加强。

三是海洋生态服务体系不够健全。

珠三角核心区内海洋观测基础设施建设和海洋灾害预报还处于起步阶段，海洋生态服务功能有待加强。海洋观测站网、海洋灾害预报、海洋防灾减灾、海洋生态保护、海上试验等海洋公共服务平台建设还需进一步优化提升。海洋信息化建设起步较晚，智慧海洋建设需加快推进，通过逐步完善海洋卫星通信服务网络及建立涉海部门信息数据共享机制，为海洋环境保护和生态产业化发展提供基础信息化服务。

四是海洋资源开发利用效率较低。

珠三角核心区生态产业化进程中仍以资源开发和初级产品生产为主，产品附加值较低，布局趋同化问题突出，海洋生态资源开发利用效率有待进一步提升。以海洋化工、海水利用和海洋药物为代表的海洋资源深度开发技术发展缓慢，海水潮汐能、波浪能等能源资源未得到较好的利用。且由于地区行政体制的差异及社会经济条件的差距，湾区内城市间存在区域海洋资源利用不均的现象，深圳、广州经济实力雄厚，海洋经济发展快速，海洋资源利用高度集中。江门、珠海、惠州等其他地区虽同样具备良好的海洋资源禀赋，但由于长期以来经济发展水平相对偏低，海洋经济发展较为缓慢，海洋资源利用程度总体偏低。

五是科技引领生态产业化力度不足。

生态产业化离不开科技创新与运用，科技作为珠三角核心区的优势资源，对生态产业化的引领力度仍然不足。珠三角核心区内海洋综合管理、海洋环境监测、海洋测绘、海洋发展战略等方面人才空缺仍然较大，缺乏为海洋生态保护和产业化提供公共服务的重要平台，未能形成海洋产学研创新集群。涉海企业缺乏科研创新动力，尚未形成生态产业方面的绝对优势，为支持绿色生态产业发展提供保障能力。只有不断提高生态产业化发展中的海洋科技含量，运用更环保、更清洁的方式发展海洋经济，降低自然资源的消耗，减少对海洋环境的污染，才能确保珠三角核心区海洋生态产业化的更好发展，最终为服务于生态文明建设和海洋经济高质量发展提供基础保障。

3.5 多层次金融支持海洋产业高质量发展现状分析

经过多年持续发展，我国海洋经济取得了不俗的成就。2022 年全国海洋生产总值 94 628 亿元，比上年增长 1.9%，占国内生产总值的 7.8%。[①]海洋经济具有投入高、风险高、外向程度高、周期长等特点，其发展离不

---

① 数据来源：2022 年中国海洋经济统计公报，自然资源部，2023 年 4 月。

开大量资金支持。因此，作为助推海洋经济发展的加速器，海洋金融的政策支持力度和实际服务水平直接影响海洋经济发展的速度和质量。[68]新时代背景下，党中央提出了关于"加快建设海洋强国""推进'一带一路'建设"等重要战略决策和重大倡议，从中央到地方逐步出台了支持海洋金融发展的政策和规划性的文件，为海洋金融的发展指明了方向，也为海洋金融的发展注入了强劲动力[69]。

3.5.1 金融支持海洋经济发展政策梳理

（1）国家层面主要政策

20世纪80年代以来，海洋经济逐渐成为全球经济新领域。与传统产业相比，海洋战略性新兴产业最大的优势在于以高新技术为支撑、资源消耗低、综合效益好、市场前景广阔和易于吸纳高素质劳动力等。在经济发展和陆地资源之间的矛盾日益突出的背景下，我国对海洋经济的建设发展给予了高度的重视。党的十八大、十九大、二十大报告均提出了"建设海洋强国"的战略部署。中央有关部门也联合印发了推动金融支持海洋经济发展的系列政策文件[70]。

首先，在金融聚焦点的政策方面，根据《关于开展开发性金融促进海洋经济发展试点工作的实施意见》，金融工作聚焦重点领域和龙头客户，重点支持现代海洋渔业、海洋战略性新兴产业、海洋服务业及公共服务体系、海洋经济绿色发展和涉海基础设施建设等五大领域。

其次，在金融服务模式创新方面，国家海洋局、中国农业发展银行联合印发了《关于农业政策性金融促进海洋经济发展的实施意见》。针对行业特点，提出了创新金融服务海洋经济发展的具体方式和举措。积极运用政府和社会资本合作（PPP）等模式，为海洋经济发展提供综合性金融服务。鼓励地方政府建立海洋产业引导基金，开展投贷联动支持涉海企业。在企业项目融资方面，针对涉海项目周期和风险特征，根据项目的资金需求和现金流分布状况，科学合理确定贷款期限，合理扩展企业和项目的融资渠道。对于列入《中华人民共和国国民经济和社会发展第十三个五年规划纲要》、全国和地方海洋经济发展"十三五"规划的海洋领域重大工程、重大项目、重点支持领域给予利率优惠，并视情况适当延长贷款期限。根据海洋类贷款特点，发展以海域使用权、无居民海岛使用权等为抵质押担保的海洋特色贷款产品，建设完善海洋产权流转、评估、交易体系。充分利用财政贴息奖补政策，探索政策性金融资金与财政资金合力支持海洋经济发展新路径。联合其他银行、保险公司等金融机构以银团贷款、转贷款等方式，努力拓宽涉海企业和涉海项目融资渠道。支持海洋经济示范区建设，对处于产业集群中的涉海企业，积极试点统贷统还等融资服务模式。

近年来，"涉海"成为金融业追捧的新兴领域。海洋经济可持续发展需要一个健全的金融体系来支持其对长期有效分配资源的要求，以推动海洋经济可持续增长的三大支柱：经济、社会和环境。如果任何一个支柱很薄弱，那么整个系统是不可持续的。珠三角核心区内的海洋产业方面各具特色，各城市之间有着较强的产业互补优势和共同的发展要求。同时，珠三角核心区具有优越的海洋资源，在发展海洋经济方面有着良好的基础。2003 年，国务院印发了《全国海洋经济发展规划纲要》，这是第一个政府指导海洋经济发展的指引性文件。《全国海洋经济发展规划纲要》中提出了"拓宽投融资渠道，确立企业投资主体地位"的措施，标志着金融政策正式成为推动海洋经济发展工具箱中的重要组成部分。

2006 年，国家颁布了《中华人民共和国国民经济和社会发展第十一个五年规划纲要》，该规划主要是针对现有金融体系市场提出改革的需要，这也对当时海洋领域的金融支持政策体系产生了一定的影响。强调的是改革现有的金融体制市场，对当前运行的金融市场进行改革[71]。

2013 年，国家海洋局印发了《国家海洋事业发展"十二五"规划》，明确提出了海洋领域的金融倾斜策略，促进海洋科技推动海洋经济在时空的可持续发展。

2014 年，国家海洋局与国家开发银行为支持推进我国海洋经济的产业升级和发展转型，联合发布了《关于开展开发性金融促进海洋经济发展试点工作的实施意见》。

2016 年，国家发展和改革委员会、国家海洋局共同颁布了《全国海洋经济发展"十三五"规划》，对新阶段全国海洋经济发展的工作目标和任务作了具体部署，不仅发挥丝路基金作用，同时又强调了金融支持政策在海洋经济发展中的重要作用。

2018 年，国务院、国家职能部门以及银行机构联合印发了《关于改进和加强海洋经济发展金融服务的指导意见》和《关于农业政策性金融促进海洋经济发展的实施意见》。

2019 年，《粤港澳大湾区发展规划纲要》印发，提出了加强粤港澳合作，推动海上保险、船舶金融等方面的发展任务和要求。

2020 年，中国人民银行、中国银行保险监督管理委员会等 4 部门联合发布《关于金融支持粤港澳大湾区建设的意见》，从促进粤港澳大湾区跨境贸易和投融资便利化、扩大金融业对外开放、促进金融市场和金融基础设施互联互通、提升粤港澳大湾区金融服务创新水平、切实防范跨境金融风险等 5 个方面提出 26 条具体措施。

2021 年，中共中央、国务院印发《全面深化前海深港现代服务业合作区改革开放方案》[72]《横琴粤澳深度合作区建设总体方案》[73]，2022 年国务院印发《广州南沙深化面向世界的粤港澳全面合作总体方案》[74]。上述 3 个文件均在宏观层面提出了发展现代金融产业，推进金融机构、金融市场、金融产品和金融监管创新，创新跨境金融管理，重点在航运金融等领域深化合作，加快建设现代海洋服务业集聚区等任务和要求。

2023 年，为贯彻落实《横琴粤澳深度合作区建设总体方案》和《全面深化前海深港现代服务业合作区改革开放方案》要求，人民银行会同中国银行保险监督管理委员会、中国证券监督管理委员会、国家外汇管理局、广东省人民政府联合印发《关于金融支持横琴粤澳深度合作区建设的意见》《关于金融支持前海深港现代服务业合作区全面深化改革开放的意见》，各提出 30 条金融改革创新举措，强化金融支持横琴和前海发展的力度。

表 3.5–1　近年来国家层面出台的海洋金融支持政策

年份	政策	要点
2003	《全国海洋经济发展规划纲要》	拓宽海洋基础设施建设的投资、融资渠道，确立企业在发展海洋经济过程中的投资主体地位，发挥大型海洋产业企业集团参与国内外市场竞争的作用，努力提高重点海洋产业的国际竞争力；鼓励和支持国内外各类投资者依法平等参与海洋经济开发

年份	政策	要点
2006	《中华人民共和国国民经济和社会发展第十一个五年规划纲要》	加快发展直接融资，积极发展股票、债券等资本市场，稳步发展期货市场；加强货币政策与其他宏观政策的相互协调配合，完善金融调控体系；建立金融风险识别、预警和控制体系，防范和化解系统性金融风险
2013	《国家海洋事业发展"十二五"规划》	支持山东、浙江、广东、福建和天津开展海洋经济发展试点工作，在深化改革、优化海洋经济结构、加强海洋生态文明建设、创新综合管理体制机制等方面先行先试
2014	《关于开展开发性金融促进海洋经济发展试点工作的实施意见》	到"十二五"末期，力争为海洋经济发展提供100亿元～200亿元的中长期贷款额度
2017	《全国海洋经济发展"十三五"规划》	整合政府、企业、金融机构、科研机构等资源；通过政府和社会资本合作，设立产业发展基金、风险补偿基金、贷款贴息等方式，积极发展服务海洋经济发展的各类投融资模式，为涉海中小微企业提供专业化、个性化服务
2018	《关于改进和加强海洋经济发展金融服务的指导意见》	鼓励有条件的银行业金融机构设立海洋经济金融服务事业部、金融服务中心或特色专营机构；加大涉海抵质押贷款业务创新推广；鼓励银行业金融机构围绕全国海洋经济发展规划，优化信贷投向和结构；强调规范发展各类互助保险；支持符合条件的金融机构和企业发起设立金融租赁公司；推动航运金融发展，加快政府和社会资本合作、投贷联动等模式在海洋领域的规范推广
2019	《粤港澳大湾区发展规划纲要》	支持粤港澳通过加强金融合作推进海洋经济发展，探索在境内外发行企业海洋开发债券，鼓励产业（股权）投资基金投资海洋综合开发企业和项目，依托香港高增值海运和金融服务的优势，发展海上保险、再保险及船舶金融等特色金融业
2021	《横琴粤澳深度合作区建设总体方案》	发展现代金融产业。支持合作区打造中国—葡语国家金融服务平台。创新跨境金融管理。指导银行提升金融服务水平，进一步推动跨境电商等新型国际贸易结算便利化
2021	《全面深化前海深港现代服务业合作区改革开放方案》	培育以服务实体经济为导向的金融业态，积极稳妥推进金融机构、金融市场、金融产品和金融监管创新，为消费、投资、贸易、科技创新等提供全方位、多层次的金融服务。扩大金融业对外开放。深化粤港澳绿色金融合作，探索建立统一的绿色金融标准，为内地企业利用港澳市场进行绿色项目融资提供服务
2022	《广州南沙深化面向世界的粤港澳全面合作总体方案》	推动金融与科技、产业深度融合，探索创新科技金融服务新业务新模式。提升大湾区港口群总体服务能级，重点在航运物流、水水中转、铁水联运、航运金融、海事服务、邮轮游艇等领域深化合作。有序推进金融市场互联互通

年份	政策	要点
2023	《关于金融支持横琴粤澳深度合作区建设的意见》《关于金融支持前海深港现代服务业合作区全面深化改革开放的意见》	共性政策方面:优先开展服务民生领域的金融创新;深化金融市场和基础设施互联互通;促进跨境贸易和投融资便利化。 特色项目方面:在横琴,按照"立足服务澳门、琴澳一体化"定位要求,构建资金"电子围网"系统,探索跨境资金自由流动途径;根据澳门经济适度多元发展需要,创新发展资产管理、债券市场、融资租赁、绿色金融等现代金融产业。在前海,坚持"依托香港、服务内地、面向世界",拓展香港金融业发展空间,发展绿色金融、供应链金融、航运金融、科创金融等金融产业,全面提升国家金融业对外开放试验示范窗口和跨境人民币业务创新试验区功能

（2）地方层面出台的政策

2006年，随着国家颁布《中华人民共和国国民经济和社会发展第十一个五年规划纲要》，各沿海地区也紧随着该规划的出台制定相对应的行动规划。山东省于2006年出台《山东省海洋经济"十一五"发展规划》、2007年印发《中共山东省委、山东省人民政府关于大力发展海洋经济建设海洋强省的决定》、福建省于2006年发布《福建省建设海洋经济强省暨"十一五"海洋经济发展专项规划》和广东省于2007年印发《广东省海洋经济发展"十一五"规划》等相关地方政策。

2011年，沿海地区陆续推出一系列金融政策体系。山东省颁发了《山东半岛蓝色经济区发展规划》，主要强调推进金融创新，深化农村信用社改革，开发服务海洋经济发展的保险产品等内容。浙江省印发了《浙江海洋经济发展示范区规划》，要求增强金融服务扶持[75]。广东省出台了《广东海洋经济综合试验区发展规划》，以推进粤港澳大湾区海洋开发金融合作及相关海洋产业的保险产品创新。福建省发布的《福建海峡蓝色经济试验区发展规划》以及天津市发布的《天津海洋经济科学发展示范区规划》也均对发挥金融作用支持海洋经济发展提出了具体任务和要求。

2016年《全国海洋经济发展"十三五"规划》发布后，山东、浙江及广东等沿海地区也相继出台了相应规划和政策文件。山东省于2016年发布了《山东省"十三五"海洋经济发展规划》，广东省于2017年印发了《广东省海洋经济发展"十三五"规划》，浙江省于 2018 年发布了《关于加强政策性渔业互助保险工作的意见》。

2019 年，国务院印发《粤港澳大湾区发展规划纲要》后，广东迅速跟进地方配套政策，出台了《关于贯彻落实〈粤港澳大湾区发展规划纲要〉的实施意见》。深圳市于 2020 年更新了 2018 年版本的《关于勇当海洋强国尖兵 加快建设全球海洋中心城市实施的方案》。2021 年年底正式发布的《广东省海洋经济发展"十四五"规划》明确提出重点围绕省级海洋经济示范区建设、加快发展蓝色金融产业等任务开展工作，为广东推动海洋金融改革创新提供了政策依据。

表 3.5–2 地方层面出台的海洋金融支持政策

省份	年份	政策	要点
浙江	2003	《浙江省人民政府关于促进和引导民间投资的意见》	放宽投资领域，实行更加开放的投资准入政策；拓宽融资渠道，加强和完善对民间投资主体的金融服务；实施公平合理的配套政策，为民间投资营造宽松的环境；注重扶优扶强，促进民间投资上规模上水平；强化服务引导，推动民间投资健康发展
	2005	《浙江海洋经济强省建设规划纲要》	确立企业在发展海洋经济中的投资主体地位；鼓励和支持国内外各类投资者依法平等参与海洋经济开发；拓宽海洋基础设施建设和海洋产业发展的投资、融资渠道
	2011	《浙江海洋经济发展示范区规划》	优先批准台资金融机构设立分支机构或参股金融企业；支持符合条件的非金融企业发行短期融资债券和中期票据等债务融资工具；加强航运金融服务创新，支持区域性银行开发航运金融产品；支持金融机构、船舶制造企业设立金融租赁公司；支持综合运用银团贷款等形式
	2018	《关于加强政策性渔业互助保险工作的意见》	扩大渔业互助保险险种；完善渔业互助保险责任和费率厘定，健全渔业互助保险理赔损制度；建立巨灾风险防范机制；加强组织领导，加大渔业互助保险费补贴力度
山东	2006	《山东省海洋经济"十一五"发展规划》	积极争取中央国债和预算内投资支持，落实地方配套资金；加大招商引资力度，举办各种专题招商活动；积极引导、鼓励企业进行股份制改造
	2007	《中共山东省委、山东省人民政府关于大力发展海洋经济建设海洋强省的决定》	对重点沿海城市在资金融通和金融机构设置方面采取更加宽松灵活的政策；支持涉海重点企业通过上市，发行企业债券等形式直接融资完善信贷担保体系

续表

省份	年份	政策	要点
山东	2011	《山东半岛蓝色经济区发展规划》	推进金融创新，开展船舶、海域使用权等抵押贷款；支持国内外金融企业依法在区内设立机构；探索组建服务海洋经济发展的大型金融集团；深化农村信用社改革，积极发展村镇银行、贷款公司等多种形式的农村新型金融组织；开发服务海洋经济发展的保险产品；完善资本市场，支持企业发行债券和上市融资；建立承保和理赔的便利通道
	2016	《山东省"十三五"海洋经济发展规划》	发挥民间投资在海洋产业发展中的主导作用；依靠信贷向集融资、发债、结算、咨询、理财等于一体转变；鼓励金融机构降低贷款门槛和信贷成本、简化审批流程；创新运营管理模式，搭建服务海洋经济发展的投融资平台；积极探索海洋自然灾害保险的运作机制
福建	2006	《福建省建设海洋经济强省暨"十一五"海洋经济发展专项规划》	通过出让经营权、股权等方式吸引社会资金投资；实行直接投资、合资、合作、BOT等多种灵活的投资经营方式；全力推进银企合作，开辟海洋产业发展专项贷款
	2011	《福建海峡蓝色经济试验区发展规划》	探索大宗水产品出口保险制度；加强与境内外金融机构的业务协作和股权合作；探索适应海洋产业发展的新型信贷模式；鼓励开发更多服务海洋经济发展的保险产品
天津	2013	《天津海洋经济科学发展示范区规划》	集聚发展海洋金融保险；发展航运租赁、杠杆融资；鼓励商业银行新设专业、特色分支行或改造部分分支行，专门从事小企业金融服务
海南	2005	《海南省海洋经济发展规划》	积极发展股票、债券、投资基金等多种融资方式；拓宽企业投资项目的融资渠道；建立招商引资奖励制度
广东	2007	《广东省海洋经济发展"十一五"规划》	健全多元化投入机制，形成投资主体多元化、资金来源多渠道、组织经营多形式的发展模式；发挥企业在发展海洋经济中的投资主体地位；集中财力扶持社会公益性和基础性的建设项目
	2011	《广东海洋经济综合试验区发展规划》	推进粤港澳海洋开发金融合作；推动针对相关海洋产业的保险产品创新；引导金融资源和社会资金投向海洋经济；鼓励金融机构开展船舶、海域使用权抵押贷款业务；探索在境内外发行海洋开发债券

省份	年份	政策	要点
广东	2017	《广东省海洋经济发展"十三五"规划》	依托广东自贸试验区建设，引导金融资本支持海洋经济发展；开发创新型险种，提升航运等涉海保险服务水平，做大保险产业集群；建设海洋金融服务平台，打造面向国际市场，集海洋资源、环境和知识产权交易等于一体的海洋产权交易中心
	2019	《关于贯彻落实＜粤港澳大湾区发展规划纲要＞的实施意见》	坚持金融服务实体经济，重点支持广州、深圳、珠海、佛山等市金融业错位发展、优势互补，加快发展科技金融、绿色金融，推进与港澳金融市场互联互通，携手港澳建设国际金融枢纽。探索在境内外发行企业海洋开发债券，鼓励产业（股权）投资基金投资海洋综合开发企业和项目，依托香港高增值海运和金融服务的优势，发展海上保险、再保险及船舶金融等特色金融业
广东	2019	《广东省加快发展海洋六大产业行动方案（2019—2021年）》	切实用好省级促进经济高质量发展（海洋战略性新兴产业、海洋公共服务）专项资金，重点扶持发展海洋六大产业核心技术研发创新、科技成果转化与产业化和海洋公共服务提升。积极利用省产业发展基金、创新创业基金、农业供给侧结构性改革基金，鼓励和支持社会资本建立海洋产业发展基金。支持广州市发展海洋领域绿色金融，支持深圳市探索设立国际海洋开发银行
	2020	《关于勇当海洋强国尖兵加快建设全球海洋中心城市实施的方案》	扩大海洋金融服务。引导金融机构加强对涉海企业的支持力度，鼓励有条件的银行、保险等机构设立海洋金融专营部门或分支机构，创新服务产品。推动设立国际海洋开发银行，加快海洋金融创新，推动设立海洋产业发展基金。以前海深港现代服务业合作区为基础，争创"中国蓝色金融改革试验区"。积极吸引或培育海洋产权交易、融资担保、商业保理、供应链金融等新金融业态

3.5.2 金融服务海洋经济发展所获得的实效

2022年，我国海洋三次产业结构比例为 4.6：36.5：58.9，海洋第三产业成为海洋经济增长的主引擎。这种产业格局是海洋产业结构不断优化的体现，说明我国正不断向高质量发展的现代海洋产业体系迈进[76]。海洋金融作为海洋经济的强力推进器，随着近年我国海洋经济的快速发展，促进以往传统的金融业（如银行、资本市场等）加大对海洋经济的支持，同时也不断推陈出新，特别是融资租赁、基金产业等新型金融产品的出现，为涉海企业切实解决融资难题，为涉海产业注入了新的发展活力[77]。

（1）银行业的支持

在近年来国家和地方政策的良好引导下，不管是政策性银行还是部分商业银行，都开始把海洋金融作为其发展的重要业务方向。银行业对于国家政策支持领域的涉海产业不断放宽贷款限制，主动发展和对接海洋经济领域的重点产业客户，并通过探索抵押海域使用权等创新海洋金融服务措施，不断加大了对涉海产业的信贷支持力度[78]。同时，部分省份支持设立海洋特色支行，专门满足海洋经济的信贷需求，如福建省大力支持有实力的金融机构，吸引本地投资建设"海上银行"，以及在银行或其他金融机构设立专门为海洋企业融资服务的部门。

珠三角核心区各沿海市的自然资源管理部门指导各市编制年度海洋经济项目计划，明确项目建设目标、重点任务、实施步骤，珠三角核心区各沿海市的中国农业发展银行与当地自然资源管理部门沟通，参与本地海洋经济发展规划制定，做好项目对接。依托海洋产业投融资公共服务平台，国家海洋局与中国农业发展银行组织有关专家，遴选成熟、优质涉海项目，建立"农业政策性金融支持海洋经济重点项目库"，各政府部门通过调研、政策指导等方式，共同推进项目贷款落地。各类商业银行业对政策支持领域的涉海产业正不断放宽贷款限制，主动发展和对接海洋经济领域的重点产业客户，并通过探索抵押海域使用权等创新海洋金融服务措施，不断加大对涉海产业的信贷支持力度。目前，广州的中国进出口银行、国家开发银行两家政策性、开发性金融机构成为广州提供船舶融资的主力银行。工商银行、中国银行、建设银行、农业银行四大行深圳分行全面部署开展海洋融资业务。深圳市各商业银行也积极开展了各类航运融资服务。珠海提出重点发展涉海企业供应链金融业务和航运保险业务，进一步加深珠港澳的金融合作，加强涉海中小微企业金融服务、商业银行支持海洋实体经济的管理办法，对于融资方面，出台了一系列海洋领域相关的风险分担政策，缓解了涉海微小企业融资难的问题。

（2）资本市场的支持

近年来，在"一带一路"建设不断推进过程中，证券市场对我国海洋产业向外发展发挥了积极作用，证券机构主动对接服务"21 世纪海上丝绸之路"沿线国家投资发展的涉海企业，为其在资本市场上市、境外并购以及在沿线国家开拓市场、建设基础设施项目等方面提供金融服务[79]。通过我国积极倡议和主动服务，沿线各国积极参与共谋发展，"一带一路"建设成效显著。2022 年，我国与"一带一路"共建国家完成进出口贸易总额13.8 万亿元，比 2021 年增加了 19.4%。①自 2012 年 12 月在广州举办的首届中国海洋经济博览会实现了促成投资和贸易项目 198 个、投资总额和贸易成交额达 929.7 亿元的良好效果以来，自然资源部（含国家海洋局）、深圳证券交易所联合主办的海洋中小企业投融资路演活动已连续举办多年，直接服务超过 150 家涉海创新企业，支持涉海企业做优做强，活动取得了良好的社会反响。2021 年，海洋经济博览会期间举行的路演活动，吸引了来自沿海省（区、市）的 20 余家科技型海洋中小企业和 10 余项海洋科技成果参加，向 8800 余家股权投资机构和 2 万余名专业投资人进行网络直播，对接融资需求约 33 亿元，为涉海企业与资本市场进行深入融合打造了良好的对接平台。

（3）保险业的支持[80]

目前，我国海洋保险业务主要有三大险种：一是传统海洋保险，如货运险以及船舶险；二是渔业保险，如渔船险以及渔民人身意外伤害险、水产养殖险[81]；三是新兴险种，如石油勘探开发险、游艇险以及海上平台公众责任险。另外，保险公司还针对一些重点海洋产业领域的特点，相应开发了专门的险种，如针对海洋建筑业开发了建筑工程一切险，针对海洋环保领域推出油污责任险，针对海产养殖业受天气影响较大的特点推出海水养殖天气指数保险及浪高指数保险等产品。随着我国海洋保险的不断发展，海洋保险专业机构也随之逐渐出现，如天安财产保险股份有限公司、民安财产保险股份有限公司和华安财产保险股份有限公司等保险公司在发

---

① 数据来源：中华人民共和国 2022 年国民经济和社会发展统计公报。

展海洋保险业务走在保险行业前列，除了上述保险公司，其他保险公司虽在海洋保险领域也有所涉猎，但大多数只处于探索阶段，未能形成科学完善的海洋保险体系。

（4）其他融资渠道支持

一是融资租赁业务发展迅速。广东、江苏、福建、天津等多个省市通过鼓励成立专门的涉海融资金融公司、打造融资交易平台、扩大租赁业务规模、种类等措施，大力发展涉海融资行业，特别是船舶、工程机械等方面的融资租赁业得到了较快发展，涉海中小企业的融资需求问题得到了有效的缓解。

二是海洋产业基金强力助推。近年来，沿海地区各省将海洋产业投资基金作为涉海融资的一项创新手段大力推行[82]。据不完全统计，我国各地已经成立了 10 余支海洋产业投资基金，主要分布在我国海洋产业经济相对发达的省份，其中山东国信海洋产业投资基金、上海航运产业投资资金以及深圳海洋产业发展基金的目标总规模均为 500 亿元，山东蓝色经济区产业投资基金的目标总规模为 300 亿元[83, 84]。我国海洋产业基金大部分由政府主导，给予符合政策条件的涉海中小企业、科技企业解决资金难题。

三是航运金融衍生品逐渐产生。航运金融衍生品的出现，对涉海企业加强风险管控、规避金融风险十分有效。目前我国的航运衍生品市场还未能完全建立，推出的金融衍生品数量较少，主要涉及上海集装箱运价、沿海散货运价以及沿海煤炭远期运费清算相关业务等领域的金融产品。

四是互联网融资初步发展。深圳前海国际船艇交易中心出台了业务规则和指引，在船艇众筹融资领域进行了积极探索。前海航空航运交易中心首创"航付保"平台，利用大数据开发应用，为中小航运企业提供一站式交易结算类增值服务。

表 3.5-3　世界四大湾区金融支持政策对比

序号	湾区名称	主要金融支持政策领域
1	纽约湾区	发布了创新创业优惠政策，包括税费抵扣、租金减免、能源补贴、特殊产业的专门优惠政策等。着眼于湾区经济的发展规划，纽约湾区取消了许多经济上的管制措施，促使当地金融业的发展更加迅猛

序号	湾区名称	主要金融支持政策领域
2	旧金山湾区	科技金融体系、风险投资、纳斯达克股票市场、专业银行间接融资。旧金山市政府采取了金融业优先发展的策略，较早建立知识产权金融，推动了当地金融公司业务的扩大和湾区金融市场规模的扩张
3	东京湾区	间接融资模式，《促进工业振兴和其他法律促进如本工业活动创新的特别措施法》《天使投资税制》。东京湾区主要得益于日本的产业政策，服务于出口型产业的行业如银行、证券、保险等金融业得到了迅速发展
4	珠三角核心区（粤港澳大湾区）	促进跨境贸易和投融资便利化、扩大金融业对外开放、促进金融市场和金融基础设施互联互通、提升粤港澳大湾区金融服务创新水平、切实防范跨境金融风险等方面提出具体举措

对比分析可知，纽约湾区、旧金山湾区、东京湾区在出台金融支持政策时，一般都结合自身湾区产业发展类型、发展阶段、发展特点，政策支持领域各有侧重。当前，珠三角核心区金融支持政策在金融投融资便利化、对外开放等多个领域具有相应举措，既借鉴了纽约湾区取消管制的理念，也借鉴了旧金山湾区充分发挥风险投资和世界顶级金融市场优势的政策举措，还借鉴了东京湾区加快服务出口型产业的金融机构发展的思路。但相对而言，珠三角核心区在推动市场间接融资、建立知识产权金融等方面仍有欠缺，这也是下一步需要努力的方向。

3.5.3　金融服务海洋经济过程中存在的主要问题

在我国海洋经济发展过程中，从国家到地方均对如何发挥金融作用支持海洋经济发展给予了高度重视。但政策的制定出台是一方面，实际取得的成效则是另一方面。综合来看，随着我国海洋经济迈向高质量发展阶段，海洋基础设施建设、海洋生态环境保护、涉海中小企业发展扶持等方面需要投入大量资金，但目前我国金融支持能力还难以满足相关需求。

（1）政府财政支持海洋经济发展不足

财政支持是政府进行社会经济建设的主要资金来源。由于社会保障和就业、卫生健康、教育、医疗等民生支出占据财政总支出的相当比例，因此财政支出对海洋经济发展的资金支持非常有限。以广东省为例，2011 年全省一般公共预算支出为 6712 亿元，2021 年上升到 1.8 万亿元，是 2011 年的 2.7 倍。虽然一般公共财政预算支出每年都有所增加，但增长的速度却逐年下降，特别是 2020 年以来的新冠肺炎疫情冲击造成了各级财政压力凸显。与此同时，海洋金融需求的资金缺口却在逐年增加。由此可见，财政支持不足或利用不充分是阻碍我国海洋经济快速发展的重要因素之一。

此外，虽然很多沿海地区的政府部门针对海洋产业经济发展制定了如财政贴息、政策性担保等相关扶持政策，但在执行落实方面需要加强，风险分担补偿机制不完善，银行等金融机构的信贷投放率和资金量也极为有限。在发展海洋产业基金方面，虽然部分经济发达地区设立产业基金，但相关运行管理制度不完善且不够透明，基金的引导作用和投资效应难以体现。

（2）银行支持海洋经济的参与度较低

海洋经济需要发展，离不开银行资金的强力支持。近年来，虽然国家已经出台了一些通过银行机构加大资金投入缓解海洋开发资金缺口困境的政策和意见，但仍是处于探索阶段，制约因素包括涉及的银行机构不够多、纳入支持范围还不够广泛、资金的投入力度仍需加大等。目前，我国涉海企业能获得银行贷款支持的较少，尤其是对于一些海洋新兴产业、高科技企业。虽然这些企业市场前景普遍都被看好，但由于尚未形成产业化规模，投资的利润回报难以预估，而且许多企业由于无法在短期内获取巨额的市场开发资本，导致资产负债率过高而达不到融资的硬性要求，这些既有技术、又有项目的企业因缺乏资金支持陷入了发展停滞的尴尬境地。目前在广州提供船舶融资的主力银行仍为中国进出口银行、国家开发银行两家政策性、开发性金融机构，商业银行大多对船舶融资、船东借款持审慎态度；而专门提供航运租赁贷款且具备一定规模的仅有粤科港航融资租赁有限公司一家。

（3）涉海企业在资本市场发展不成熟

资本市场是金融市场的重要组成部分，是涉海企业进行融资的重要途径之一。海洋经济的一个重要特征是高风险性，为了最大限度地规避和减少海洋产业融资风险，资金市场在对海洋领域企业申请上市融资时设置高准入标准，而且还需付出一笔不菲的上市评估费用，在创业板市场上市的成本和难度不亚于主板市场，众多的科技型、成长型的海洋中小企业对于希望通过上市来融资的愿望只能望而却步。债券融资及其他一些如产业投资基金等融资方式，由于发展不成熟、专业程度不足以及设计缺乏创新等因素，未能给涉海企业提供更多的融资帮助[85]。

（4）缺乏建立健全海洋产业保险体系

沿海地区是地震海啸、台风等自然灾害的高发区，自然灾害是导致海洋经济高风险性的"主凶"，开展涉海保险对于保障海洋企业发展的重要性不言而喻，但由于自然灾害频发以及灾害影响不可预期，很多保险企业无意"冒险"去开展涉海保险业务。过去国家出台的海洋金融政策中也包含了如"发展海上保险、再保险"等支持涉海保险的宏观表述，部分沿海地区也制定了一些支持发展涉海保险的具体举措，但仍处于探索阶段，涉海保险只是针对部分海洋服务提供的险种，覆盖的产业和保险资金的投入极为受限。另外，随着我国海洋经济不断发展，海洋产业横向和纵向发展不断深化，产业种类继续创新和丰富，也对海洋保险公司的经营管理能力和保险服务水平提出越来越高的要求。保险公司需要根据海洋经济发展的多元需求，不断创新保险模式和保险产品，协助涉海企业识别和防范风险以及进行风险管理，提出有效的防范措施和整改建议，尽可能地减少风险频率和风险损失。

（5）海洋战略性新兴产业融资存在困难

通过资本市场融资方式主要有公开发行（IPO）、定向增发、公司债和股权质押等融资形式。其中，公开发行是其他几种形式的基础，只有上市公开发行后，才有可能通过定向增发、公司债和股权质押等形式进行融资。而公开发行有较高的门槛限制，需要有较大的企业规模和较强且持续稳定的盈利能力。从总量来看，珠三角核心区涉海公司中仅有少数大公司能够通过资本市场进行融资，更多的涉海企业无法通过资本市场实现融资。从结构看，上市公司中多数公司均属于传统海洋产业，而属于新兴海洋产业的公司占比少。虽然银行对整体海洋产业的信贷水平不断提升，但海洋新兴产业的银行信贷占比却没有明显变化，且低于海洋产业的信贷水平。目前银行仍处于融资的主体地位。但银行主体对海洋新兴产业投资的积极性不高,重要原因在于:我国商业银行普遍实行严格授信管理制度,倾向于周期短和利率高的项目,且通常须由企业以固定资产作为抵押。许多海洋新兴产业的企业由于发展不够成熟,产品尚未实现产业化,在向银行申请贷款时无法提供有效抵押品且信用评估较低,导致银行为规避风险而审慎贷款。可见,新兴海洋产业通过资本市场融资的难度更大。

此外,风险投资(Venture Capital,VC)和私募股权(Private Equity,PE)投资也属于资本市场。风险投资机构和私募股权机构在获得足够的风险溢价的情况下乐于承担更高的风险,但目前珠三角核心区的风险投资机构与股权私募机构发展落后,而且没有专注于海洋领域的风险投资机构和私募股权机构。这就使得珠三角核心区海洋新兴产业在发展过程中,企业短期内无法通过风险投资机构、私募股权机构进行股权融资。民间借贷是海洋新兴产业获取融资的另一途径,但民间借贷资金规模有限,难以满足海洋新兴产业内企业发展的资金需求。与股票市场相比,我国债券市场的规模较小,对海洋新兴产业的支持力度非常有限,海洋产业上市公司和海洋新兴产业上市公司都以银行贷款为最主要的融资来源,而债券融资的占比非常低,债券市场很难成为支持海洋新兴产业发展的“主力军”。财政补贴是政府对海洋新兴产业进行金融支持的主要手段,但补贴的发放有很大的滞后性,导致许多企业项目的后续运维无以为继。例如,补贴在实际操作中须经历补贴项目申报、项目进入补贴目录和补贴资金到账等一系列过程,往往耗时经年。

(6)海洋传统产业融资存在困难

海洋传统产业的相关中小企业很难从政策性银行获得贷款。首先,涉海中小企业申请贷款面临最大的困难是缺少抵押物,由于海洋经济相关企业的不动产占比较小,且设备多属于行业专属设备,抵押率较小。船舶制造、港口码头等航运交通基础设施、海洋牧场、滨海旅游转型升级等需要巨大的资金,并且回收周期长。单独一家银行不仅贷款能力有限,而且会面临较大风险,银行不愿独自承担风险而导致企业资金遇到缺口。其次,海洋传统产业的相关中小企业在股权融资和债券融资方面都面临着门槛比较高而无法获得这类金融支持。最后,珠三角核心区海洋传统产业保险覆盖率尚较低，海洋保险产品丰富度不高，海洋传统产业中小企业很难通过各类海洋保险产品中实现分散风险。

3.5.4 金融支持珠三角核心区海洋发展的政策需求

随着现代海洋产业发展不断深化，资金和融资服务对于粤港澳海洋经济越发重要，作为海洋实体经济发展的命脉，海洋金融必须尽快建立健全相关机制，为粤港澳海洋经济发展筑牢资金保障。2019 年，国家出台的《粤港澳大湾区发展规划纲要》，为粤港澳三地的海洋经济的合作和发展提供了宝贵的政策支持和理论指引，特别提到了要通过加强三地金融的合作，共同推进大湾区海洋经济的全面发展。另外，还应充分参考借鉴香港案例，以金融发展推动海洋经济发展，实施海洋金融模式创新，健全发展财政税收和银行业及其保险业对其支持措施[86]，并在此基础上发展产业基金、投资信托及海洋类债券等新型海洋金融工具，进而为海洋经济发展提供动力保障，构建多层次、广覆盖、可持续的金融服务体系[87]。

（1）加大政府财政和政策支持力度

金融要在珠三角核心区海洋经济充分发挥其支撑作用，离不开政府财政支持和政策引导。一是加大海洋相关产业的财政投入。各级政府加大财政支持力度，加快推进港口码头、航道、锚区等海洋经济开发基础设施建设，因势利导推行税收优惠和财政贴息等优惠政策，为国内外涉海企业到珠三角核心区落户和发展提供优良的基础设施条件和政策支持环境，同时，政府部门根据海洋各产业特点设立专项资金和科研经费，为珠三角核心区海洋经济技术人才培养和海洋经济科研提供资金保障。二是引导银行优化信贷服务。对不同涉海产业采取不同的信贷准入和贷款数额的支持政策，如对资金投入需求大、投资周期长的船舶制造、海洋工程装备等企业，可引导银行采取银团贷款方式提高贷款标准；对资金信贷需求相对不大的海洋渔业等传统海洋产业，可采取银行贷款与商业保险结合的方式，在满足企业资金需求的同时，也达到了降低银行信贷风险的效果；对海洋战略新兴产业，可采取在银行利息、税收方面给予补贴和优惠，以及推进专利产权抵质押、风投资金投入等办法助推海洋高新产业。三是引导建立海洋基金。政府和市场合作运行，政府方面出面担保，金融市场发挥杠杆效应，通过股权、债券等方式吸引内地资金进驻投资。国际合作方面考虑建立国际合作投资基金，以推动海上丝绸之路建设为契机和抓手，推进国际在海洋经济产业的深度合作开发，实现共赢互利的目标。

（2）拓宽涉海经营企业融资渠道

充分利用香港国际金融中心的地位，以及港澳地区完善的金融服务业体系优势，通过加强金融合作大力拓宽海洋经济企业融资渠道，为粤港澳地区的海洋经济发展提供资金来源保障。一是鼓励企业加大融资力度。放宽涉海企业上市融资的限制，支持企业通过证券市场利用各类债券等金融工具进行融资，鼓励海洋战略新兴产业企业特别是高新技术涉海中小企业在创业板、新三板上市，为其进行股权融资提供服务和便利。二是加强粤港澳三地的涉海金融合作。建立起集海洋资源、海洋环境、海洋知识产权为一体的珠三角核心区海洋产品产权交易中心，创新海洋金融服务方式，实施以海洋使用权抵押、船舶出口信贷等各类新型金融信贷方式。三是通过融资租赁助推产业发展。目前，融资租赁具有普遍性、非银行金融形式的特征。采取融资租赁的方式，可有效缓解涉海企业资金压力，有效地解决资金困难的涉海企业在生产设备和生产技术上的迫切需求，有利于提高资金利用率。

（3）逐步完善海洋产业保险机制

《粤港澳大湾区发展规划纲要》提出要借助香港海运和金融业优势，发展大湾区海上保险等特色金融业。海洋保险是海洋经济快速、稳定、健康发展的服务保障，要建立起完善的海洋保险业服务体系，根据涉海经济各类产业的自身特性提供符合其发展需求的保险产品服务。一是完善海洋产业保险种类，鼓励保险企业积极在海上运输、船舶、码头港口以及海洋生态环境等领域发展保险业务，扩大渔业等领域的政策性保险覆盖面。同时，海上工程的蓬勃发展既需要相应的保险产业给予保障，对于保险企业来说也给其海上平台责任险的发展带来了广阔的前景。海洋经济快速发展使海洋生态环境保护的形势越来越严峻，推行海洋领域的强制责任险也将成为海洋保险业发展重点项目之一。二是成立海洋产业融资担保机构，助推其成立相关涉海融资专门的担保机构，并根据海洋产业特点制定适应涉海企业发展的融资担保相关机制，逐步解决企业融资担保难的问题。三是创新发展保险业务，鼓励涉海企业通过期货、互换等金融衍生品，达到套期保值、避减风险的目的。四是加强对涉海金融行业管控，完善海洋金融行业监管相关制度，政府金融管理部门严格按照法律法规定期或不定期对涉海金融机构进行审计和检查，科学分析海洋金融行业的风险状况，有效预警及防范涉海金融风险，保障海洋金融业健康发展。

（4）加快形成产融结合集聚优势

一是建立海洋产融集聚区。考虑在海洋经济发展优势和发展潜力较大的地区规划建立海洋产融集聚区，利用香港、澳门、深圳等金融业发达城市的区域优势，通过完善基础配套设施、给予财政补贴、实施税收优惠等措施，大量引入有实力的涉海企业、金融企业以及与涉海经济发展有关的会计、法律等配套企业和机构，充分发挥集聚区的资源集聚共享和减低企业融合成本的巨大优势。二是打造海洋金融人才队伍。作为服务海洋经济发展的核心力量，海洋金融的发展需要专业的高素质、高水平人才，珠三角核心区可通过人才优惠政策、高福利待遇、配套公共服务等措施，吸引和培育涉海金融领域的高素质人才队伍，为海洋产业和海洋金融发展提供人才支撑。三是优化金融审批流程。对经营发展状况好、信贷评估优、经济实力强的优质涉海企业，开通绿色审批通道，尽量缩短融资审批工序和时间，为企业融资提供更高效、顺畅的服务。

（5）建立涉海领域专业金融机构

建立专业的海洋金融机构为珠三角核心区可持续发展提供资金支持，是国家海洋经济的高质量、高效率发展的可靠保证。一是加快设立国际海洋开发银行并有效运营。2019年8月，中共中央、国务院印发的《关于支持深圳建设中国特色社会主义先行示范区的意见》明确支持深圳探索设立国际海洋开发银行，目的就是针对风险高、投资规模大、预期不稳的各类海洋经济开发产业提供低成本资金，创新适应海洋经济发展需求的金融产品和服务。目前，国际海洋开发银行的设立仍在探索阶段，应加快方案设计、部门协调，加快设立步伐并有效运营。二是吸引涉海领域金融机构落户。创造良好海洋金融营商环境，吸引国际海洋银行以及海上保险、船舶金融等涉海金融机构到珠三角核心区开展业务。三是创立海洋金融特色机构。鼓励现有的发展成熟的涉海金融机构设立专门的海洋经济金融服务事业部，组建专门的金融服务中心或海洋金融特色专营机构，针对不同领域的涉海企业提供专业、高效、精准的金融服务，进一步优化信贷服务质量。

（6）深化涉海领域金融科技支撑

要进一步加强金融科技支撑作用，利用科技手段提升金融支持珠三角核心区海洋经济发展的效率。一是建立海洋经济产业信息数据库，科学梳理海洋产业的整体发展状况及运作情况，有效促进海洋金融与海洋经济各产业的信息互动互通，为涉海企业投融资建立快速便捷的服务平台，有效提升产融结合的效率和涉海产业的金融服务水平。二是通过运用海洋气象、海洋经济和海洋保险等大数据分析海洋各产业近远期的发展形势，为海洋金融业的发展前景提供参考，海洋保险业也可根据涉海企业即将面临的困难和需求丰富海洋保险的服务形式或开发新的海洋险种，有效推进金融产品创新。三是大力引进海洋金融研究领域的高科技机构和企业。通过开展科研，把海洋企业、海洋金融、高科技三者全面融合，达到以科技促进金融服务海洋产业发展的目的。四是建立完善海洋金融科研机构。利用珠三角核心区成熟金融业的优势，争取中央财政支持，加大资金投入建立国家级的海洋金融智库或实验室，集中技术人才和科研资金，把珠三角核心区海洋金融推向世界前列水平。

4 国内外海洋经济高质量发展典型案例经验借鉴

本章主要从世界三大湾区、其他发达国家以及国内先进地区在科技引领海洋产业生态化发展、资源开发与管控、海洋生态产业化、金融支持海洋经济发展方面，选取有代表性的案例进行分析，总结其对珠三角核心区建设的借鉴意义。

4.1 科技引领海洋产业生态化发展经验借鉴

在我国经济高质量发展的大背景下，产业生态化已成大势所趋。本部分通过选取国外政府与国内省级政府助力科技带动产业生态化、虚拟共生型园区借力科技发展生态化、科技推动三大产业各自发展生态化中的典型事例分析，总结科技创新如何促进海洋产业生态化发展。

4.1.1 政府助力科技带动产业生态化

现如今，产业生态化关系到人类经济长远和整体的发展战略选择，但在产业生态化过程中并不是完全按照市场经济的运行规律自发演化，更多是人们的理性选择，而政府正是这种理性选择的推动者。因此，在引导产业生态化时，政府的主体地位是不能被取代的。本部分通过分析韩国、英国苏格兰地区以及我国山东的案例来佐证政府在助力科技带动产业生态化方面的重要地位。

表 4.1-1　国内外政府助力科技带动产业生态化案例

地区	发展情况	经验借鉴
韩国	针对产业结构过度依赖石油等化石能源的现状，韩国大力开发智能电网，以适应风能、太阳能等清洁能源产业的发展需要，同时颁布《韩国智能电网发展路线 2030》，确立智能输配电网、智能用电终端、智能交通、智能可再生能源发电、智能用电服务 5 个详细发展目标。另外韩国政府也为制造新能源的发电设备、零部件生产、设备运营的企业提供长期低利率融资，并且每年准备数千亿韩元拨款用于开发新能源战略性技术项目	政府在发展产业时并没有通过直接引进外资的方式而是通过一系列倾斜性的产业政策，鼓励本国企业开发自己的先进技术，促进本土产业的发展成长
英国苏格兰地区	为充分利用水深超过 60 米的深水海域更为丰富的风力资源，世界上首个浮式风电场 Hywind 位于苏格兰，装机容量 29 兆瓦，是由挪威石油 Equinor 开发的试验项目，于 2017 年建成，容量因子达到 53.8%，为浮式风电的可行性探路，并奠定了商业化的基础。位于苏格兰的 Kincardine 50 兆瓦浮式风电场建成后将成为目前世界上最大的浮式风电场。2020 年 11 月 24 日，英国政府宣布在 2021 年新一轮的可再生能源差价补贴（CfD）招标中将把浮式风电项目作为一个单独的新兴技术类别引入招标体系，体现了政府在固定式海上风电蓬勃发展的基础上促进浮式风电技术发展的决心	由于现阶段浮式风电技术的成本仍远高于固定式海上风电，因此，政府的资金支持在其发展过程中扮演着非常重要的角色。通过政府出资鼓励可再生能源技术的进步和升级。开发浮式风电，可以提升风电场的可利用率和发电量，同时规避风电场运营对于近海生物生存的环境影响以及对航运的负面影响，真正通过科技创新来促进风电产业的生态化发展
山东	2018 年，山东省人民政府发布《山东省新旧动能转换重大工程实施规划的通知》，该政策对煤炭企业兼并和升级改造提供支持，在一定程度上加快了新型实用性技术的推广，另外山东省内许多地区都安装了烟气脱硫装置，另外，山东省燃煤电厂大多采用电除尘装置，其除尘率在 80% 以上，使得煤燃电厂在运营过程中排出的污染物大大减少，这都有助于山东省煤炭产业的生态化	通过出台相关政策推广和运用新型实用性技术的脱硫等降低污染的技术装置，从而达到降污减排的目的

4.1.2　虚拟共生型园区借力科技发展产业生态化

产业园区是区域经济发展、产业调整和升级的重要载体，而生态工业园是继工业园、高新技术产业园后的第三代产业园区建设模式，它改变了传统工业园产业系统与资源系统和环境系统的单向、线性关系，运用生态生产技术及管理模式，将园区内各企业生产体系通过系统耦合而整合成一个闭合循环系统，在园区内实现物质、能源的循环流动以达成充分有效的利用和开发。在生态工业园内又主要分为单一共生型、网络共生型以及虚拟共生型，其中虚拟共生型园区是借助科技因素最多的园区类型，其利用现代信息技术在计算机上用信息流连接价值链建立开放式动态联盟，促成企业间的资源及副产品交换联系，然后再在现实中通过供需合同加以实施。虚拟共生型园区内企业突破了传统产业园的固定地理界限，整个虚拟组织以网络为依托，充分发挥了协同工作和优势互补的作用。由于虚拟型园区不要求其成员企业集中在某个固定的区域，这可以节省建园所需昂贵的购地和搬迁等费用，避免建立复杂的园区网络系统，并且可以根据市场变化灵活选择合作伙伴，在更大的范围内构筑生态链，从而减少市场风险的冲击。在我国，北京中关村科技园区和上海张江高新技术开发区的发展模式正向这类虚拟共生型产业园区转变。

4.1.3 科技推动三大产业生态化

当代农业、工业以及服务业这三大产业的发展都离不开科技因素，这三大产业的生态化也不例外。通过产业生态化加快产业结构调整，也有利于经济的可持续发展。以我国河南省为例，在农业方面，依托生物育种、生物肥料等绿色农品，成立国家生物育种产业创新中心，企业合作共同完成生物肥料创新开发项目，并建设国家级生物农业产业基地。另外，依托黄淮海平原、豫北豫西产粮大县，承担"国家粮食丰产科技工程河南课题"研究，同时建设全国重要的高产、稳产商品粮生产加工基地。在工业方面，积极培育环保产业，并重点推进南阳国家生物质能示范区建设、推进洛阳新材料产业基地建设、郑州国家生物产业基地建设和许昌废金属再生利用示范基地建设。在服务业方面，利用河南省作为我国中原地区"四通八达"这一天然地理区位优势，改造升级传统服务业。例如，大力发展电子商务、物联网服务及信息技术产业，同时大力发展区域间贸易、大宗商品批发、零售业务的集聚和疏散。

4.2 海洋资源开发与管控经验借鉴

4.2.1 世界三大湾区海洋资源开发管控的经验借鉴

从世界其他三大湾区的实践经验来看，基础设施一体化、要素流动自由化、产业分工协同化、营商环境包容化是其获得巨大成功的基本要素[88]。为此，珠三角核心区要实现经济发展的国际化跨越和升级，助力粤港澳大湾区建设，就必须在深度融合与协同分工上取得新的进展，具体的实现路径包括推动一体化深度融合、打造特色化协同体系、构建自由化要素流动保障以及营造国际化营商环境等。

（1）建立统筹协调机制，打破各自为战的行政区划格局

众多的湾区都具备良好的产业基础和优越的区位条件，但人为划分的行政区划格局阻碍了一体化市场的发展。而三大国际湾区虽然也是由城市群构成，但是打破现有的城市之间的行政辖区壁垒，顶层设计和统一规划在基础设施建设、经济一体化融合等领域都取得了重大进展和突破，为要素市场和产品市场的快速发展创造了条件和机遇。在加强顶层设计的同时，三大国际湾区还对各自的短期规划与长期规划进行动态的跟踪与修订，从而确保了规划能够充分满足湾区经济发展的实际需求。突破行政边界的限制与阻碍，对珠三角核心区经济融合、提升粤港澳大湾区经济作为一个整体的发展效率和发展水平具有重要意义。为此，在珠三角核心区的规划发展中，需要企业、政府和社会等多方的合作，应充分考虑到不同层次、不同部门以及各地方政府之间的目标需求，加强它们之间的统筹协调。通过体制改革、简政放权，突破营商环境、要素流动、公共服务等方面的制度壁垒，推动珠三角核心区一体化发展。

（2）基础设施互联互通，构建高效便捷的综合交通运输体系

三大湾区在发展过程中，都在航运、城际交通、网络通信等基础设施建设上不断完善，基本实现了基础设施一体化、系统化的深度融合。以东京湾区为例，湾区内发达的道路交通和信息网络打破了城市群间地理空间的限制，使资本、人才、技术及信息等生产要素能够突破行政区域边界，

在更大范围内自由流动。生产要素的自由流动一方面为提高生产率提供了有利条件，另一方面促进了创新和技术的扩散，对湾区内行业和区域间的均衡发展产生了积极的影响：通过加快交通、电信、金融等基础领域的一体化建设，实现城际轨道、航运物流、网络通信、信贷融资的无缝对接，打造便利化的生产生活环境。

（3）构建产业分工的雁阵布局体系，促进城市间协同发展

在推进湾区基础设施一体化和经济发展一体化的同时，国际大湾区另一个重要实践经验就是立足于核心区与外围区的比较优势，成功地建立了产业分工的雁阵布局体系。在国际大湾区的雁阵布局体系中，核心区扮演着经济增长点和发动机的角色，是高端要素和高端产业高度集聚的区域，在产业价值体系中占据了附加值较高的环节；外围区发挥着承接珠三角核心区产业转移和配套设施的功能，布局的主要是与珠三角核心区产业关联度较高、处于价值体系中间位置的产业部门。如以科技著称的旧金山湾区在区域分工上，不但发挥了位于湾区南部硅谷的圣塔硅谷地区的高新技术产业优势，孕育并聚集了包括谷歌、苹果、脸书等互联网技术创新公司，同时借助旧金山市区拥有天然贸易港并且工业发达的优势，在资本金融和国际贸易上成为湾区的有力支持。湾区内世界级大学和研究院又为科技公司的发展提供了人才和创意。明确等级清晰的城市功能定位，促进城市群协调发展。国际三大湾区核心区内部各城市通过功能定位和产业分工，从而形成一体化的格局。如东京湾区，西岸（川崎市和神奈川县方向）建成了京滨工业地带，包括东京、横滨、川崎；东岸（千叶县方向）建成了京叶工业地带；东京又是全球知名的金融、文化、商业中心，工业地带与东京之间的紧密互动、相互交融。

（4）汇聚全球高端人才，推进科技系统创新驱动发展

人才和智力资源是知识经济的基础。从三大湾区核心区的实践经验来看，成熟的湾区具备强大生命力的创新生态系统，为湾区经济发展提供源源不断的驱动力。湾区内聚集了世界各种优质创新要素与资源，有一批创造性的企业家、工程师等高层次创新人才。高等院校、科研机构与企业之间形成"研发—生产—制造—营销—再研发"的正向循环；规模效益促进

了创新型经济的兴盛，如旧金山湾区的人才、资本、技术、文化等诸多要素集聚融合，使其成为全球高新技术发祥地。硅谷内现有 8000 余家高技术公司，以信息技术产业为主导引领全球科技潮流。

（5）营造国际化营商环境，打造双向联动的对外发展格局

国际化是世界一流湾区发展的必经之路，东京湾区、纽约湾区和旧金山湾区都经历了从地区小湾区发展成为国际大湾区的演变历程。透明、便利、法治的营商环境是国际大湾区取得成功的重要因素。珠三角核心区要助推粤港澳大湾区实现从区域性湾区向国际大湾区的转变，就必须在营造国际化营商环境方面取得更多的进展，形成"引进来"与"走出去"双向联动的对外发展格局。旧金山湾区被称作"最靠近梦想的地方"，可充分佐证其宜居宜业的营商环境。湾区内拥有谷歌、苹果、脸书等互联网巨头和特斯拉等新能源汽车总部，这里还拥有举世闻名的硅谷和斯坦福、加州伯克利等 20 余所大学，有众多的国家公园等生态景观。全球大批顶尖的高科技人才和 4000 余家风投机构（约占美国风投机构总数一半）均集聚在旧金山湾区。

4.2.2　发达国家海洋资源开发管控的经验借鉴

纵观发达国家的海洋资源开发战略，虽然各个国家的海洋开发途径存在较大差异，开发的重点也各不相同，例如，欧洲地区，英国的海洋资源综合开发比较成功[89]，丹麦的海洋能源开发、挪威的海洋渔业资源开发、荷兰的临海港口开发、德国的海洋环境保护等方面都各有侧重点，但在海洋资源开发以实现海洋资源价值方面有共同点。

（1）地区经济发展引领海洋资源价值实现

海洋资源的价值实现过程在一定程度上反映了这些地区的发展史。例如，新加坡本来是一个只有几百人居住的小渔村，最初的发展就是从港口中转型起步的。新加坡在 1965 年独立并选举产生由新加坡人民自己掌握政权的政府，发展成为世界一流港口的愿望变得更加强烈。当时新加坡只有 200 万人口，而且地域很小，是世界上最小的国家之一，资源匮乏，失

业率居高不下，人民为了生计奔波劳碌。港口，凭借其历史和优越的战略地位，成了新加坡在建国初期寻求振兴的最好切入点。正如 1819 年发现了新加坡的莱佛士先生所预见的那样，新加坡从一开始就做得很好，此后很快便发展成为本地区最著名、最大的港口。优越的自然条件和西方贸易领域的优势在这里被很好地结合到了一起。随着经济发展程度提高，海洋资源对国民经济的贡献也在不断提高。在各国制定的海洋开发战略中，对海洋资源以及海洋经济的重视程度显著提高。例如韩国的海洋开发战略目标中，要求海洋产业增加值占国内经济的比重从 1998 年占国内生产总值的 7.0% 提高到 2030 年的 11.3%。

（2）合理的制度安排为海洋资源提供良好的政策环境

为防止海洋资源滥用和低效开发，充分实现海洋资源的价值，各国均制定了相应的政策和制度安排。美国制定了《2000 海洋法令》，英国政府制定并根据实际情况修订了《大渔业政策》，日本通过了《促进海底资源开发法案》和《关于在专属经济区等进行资源勘探及海洋科学调查行使主权权利及其他权利的法案》等，这些法案为海洋资源的有序开发提供了法律保障。许多国家也为海洋资源的开发提供了资金、税收优惠等方面的政策支持，如美国建立了海洋政策信托基金。按照国家海洋政策委员会的计划，基金每年有 50 亿美元资金。再如新加坡，裕廊工业区成功的一个重要原因就是其完善的体制及自主管理的模式。通过政府合理的制度安排，使其与政府相关的交易成本降低。其中包括投资许可、营业许可、城市规划与建设设计许可、劳动力、税收、进出口报关服务和其他监管活动。特别是在一些特殊工业领域的政府投资、集群政策、人力资本政策、资本合作和劳动力合作等方面，机构之间的协作变得简易。信息流动被极大地简化了。而新加坡港口物流业之所以能跻身于世界顶尖行列，也在很大程度上得益于其实施的自由港政策，这项政策对海洋岸线资源价值的实现有重要影响，我国的香港地区航运业发展史也可以证实这一点。

（3）开发过程中注重开发与保护并重的整体性

海洋资源开发程度越高，海洋环境的保护就越重要，各国都对海洋资源的开发制订了长期的开发计划，这些计划对于海洋资源的高效配置发挥了重要作用。韩国制定了《21世纪海洋开发战略》，明确21世纪海洋发展目标，提出创造有生命力的海洋国土、发展以高科技为基础的海洋产业、保持海洋资源的可持续开发三大基本目标。在韩国海洋发展战略中，特别注重保持海洋资源的可持续开发。德国政府不断加强对海洋环境的保护，加入了所有相关的海洋保护国际公约，尤其致力于在东北大西洋海洋环境保护公约框架内加强合作，制定并始终遵循海洋环境保护政策的2个基本原则：预防原则和发生原则。美国也一直重视海洋环境资源的保护开发，早在1972年美国国会就制定通过《海岸带管理法》和《海洋保护、研究和自然保护区法》，这两项法律对美国海洋和沿岸生态环境的保护产生明显的积极效应。

（4）以政府和市场协同效应拓展海洋资源开发利用的范围

各国政府对海洋资源的开发都有一定的财政资金投入，但这些政府性投入一般都是引导性的。在政府资金的引导和撬动下，市场资金在海洋资源的开发中扮演着越来越重要的角色。如2006—2010年，俄罗斯联邦政府计划安排2.5亿美元用于海洋资源开发，而因此引来的市场资金在100亿美元以上，政府的前期资金投入对于整个区域的海洋资源开发具有十分重要的作用，也是海洋资源价值得到实现的一个重要途径。荷兰的鹿特丹港口开发在很大程度上是由市场的力量主导的，国际巨头公司在鹿特丹港口的开发建设中做出了突出贡献。新加坡政府也是如此，虽然新加坡政府每年都会安排巨额资金用于完善基础设施建设，包括港口的前期建设和园区的建设，也包括对海洋科技的大力支持，但新加坡经济的主驱动力来源于大型企业、大型项目的带动，特别是新加坡政府采取大力引进国外资本的策略，以跨国公司的投资为重点。裕廊工业区的迅速发展得益于新加坡政府抓住机遇，大力引进了跨国公司的投资，这些国际公司的强力投资对新加坡海洋资源的开发和价值实现产生了重要的积极影响。丹麦政府对能源研发有资助，而且资助的规模也不小，但比起市场资金对环保型能源研究的资助来说，政府投入在全社会能源研究投入中只占很小的比重。

4.3 海洋生态产业化经验借鉴

4.3.1   生态产业化发展过程

从国内外生态产业化发展的过程来看，生态产业化要经历 3 个转化过程（图 4.3–1），分别是生态资源转化为生态资产，生态资产转化为生态资本，生态资本可交易化为生态产品或服务。

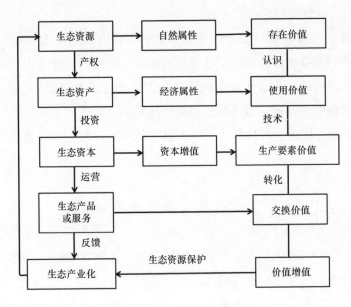

图 4.3–1   生态产业化发展历程

首先是生态资源转化为生态资产，这种转化需要一定的条件：稀缺性、产权明确、能产生收益。稀缺性是生态资源转化为生态资产的必要条件。生态资源的初始状态属于共有资源，当人类的生存环境发生变化时，具有公权力的国家开始对生态资源进行权力划分，产权明确的生态资源能够给投资者带来利益，投资者享有法律赋予的权利，生态资源转化为生态资产，意味着生态资源将作为一种资产，按照市场规律进行管理，完成实物形态向价值形态的转化。

其次是生态资产转化为生态资本。生态资本是能够产生未来现金流的生态资产，是存量，且具有资本的增值性，生态资本再通过不断循环运营,最终带来自身的增值。因此,生态资本和生态资产是有区别的,但二者又相互联系。只有通过不断的市场交易、金融创新,使生态资产的价值不断增值时,生态资产才能转化为生态资本。也就是说,生态资本是在投资生态资产的前提下特别强调增值性。

最后是生态资本可交易化为生态产品或服务。生态资本可交易化是生态资产转化为生态资本后进入生态市场进行运营的表现形式,生态资产的使用价值通过运营阶段转化为生态产品或服务的交换价值,在生态市场上实现其价。最终实现生态产业化。

党的十八大以来,全国各地秉持"绿水青山就是金山银山"的发展理念和生态效益、经济效益、社会效益相统一的原则,坚持走"生态产业化"的发展道路。为了形成节约资源和保护环境的空间格局、产业结构、生产方式和生活方式,通过绿色低碳循环发展,实现天更蓝、山更绿、水更清、环境更优美,各地形成了一大批依托当地自然生态资源优势发展起来的生态产业。

4.3.2 海洋生态产业化发展方向及发展模式

我国海洋生态化发展主要是基于特定的海洋资源开展的,通过运用符合生态学规律的方法和手段对海洋资源进行开发利用,从而产生一定的经济效益,是把海洋生态作为资源来发展相关产业,把生态优势转化为经济优势的过程。海洋生态产业化可以把生态效益、经济效益、社会效益结合在一起,既实现了经济发展的目标又能满足居民的亲海需求,获得生态保护和经济发展的双赢。我国的海洋生态化主要集中在海洋生态渔业、海洋公园、依托特色海洋资源的海洋旅游业、渔港经济、可持续的海洋新能源产业等方面,并形成了各种海洋生态产业化的发展模式。

一是可持续的海洋渔业发展模式。该模式重点是注重渔业发展的可持续,主要包括根据传统海洋渔业升级改造的海洋生态渔业及海洋牧场。作为传统海洋产业,海洋渔业是海洋经济的重要组成部分。海洋生态渔业是海洋渔业可持续发展的生产方式。海洋生态渔业根据经济学和生态学原理,在总结原有养殖、捕捞和生产经验基础上,通过人工设计生态工程，建立起多层次、多结构和多功能的综合生态渔业生产模式。海洋牧场作为一种新型海洋渔业生产方式，以生态系统构建为核心，科学开发利用海洋资源，在特定海域科学培育和管理渔业资源而形成的人工渔场。海洋牧场蕴含了新技术、新业态、新模式，展现了巨大发展潜力和广阔的发展前景，这种模式将逐步成为引领和推动海洋渔业新发展的主要力量。

二是海洋海岛国家公园模式。海洋海岛国家公园是人海和谐观和陆海统筹理念有益结合的具化形式，全球各大洲多数沿海国家均建立了海洋海岛国家公园。其作为当今海洋保护区设立与发展的重要模式已成为国际共识。大多数海洋保护区生态较脆弱，不适宜开展大规模公众娱乐游憩活动，多以海洋生态系统保护为主，如非洲的海洋海岛国家公园；也有部分海洋保护区面向公众开展娱乐游憩活动，海洋生态系统保护与管理通常在可控范围内，如北美洲、欧洲的海洋海岛国家公园等。虽特点不尽相同，但全球各地区海洋海岛国家公园建立初衷相对一致，这种模式是在一些具有独特价值和自然景观的涉海区域建立海洋海岛国家公园，保护海洋海岛特有的自然景观和历史文化，提供大众公共娱乐和游憩场所，实现海洋资源的可持续发展。

三是依托特色海洋资源的生态旅游模式。海洋生态旅游必须以可持续发展为原则导向，以特色海洋资源条件为依托，如珊瑚礁、红树林和特色海洋文化等。以合理利用海洋资源为前提，开发海洋旅游产业，以期实现社会、经济、文化和环境效益。到相对未受干扰的自然区域进行的对环境负责的旅游和游览，目的是享受和欣赏自然以及其他附带的文化因素，促进环境保护，旅游者对生态环境的负面影响小，给当地居民带来营收。这种模式利用海洋特色环境开展的生态旅游活动，包括海上垂钓、漂流、探险、潜水、冲浪、品尝海鲜、观赏自然风光和人文景观、参与海上作业以及海洋探秘等，这种模式具有保护自然环境和维护当地人民生活双重收益。

四是可持续的海洋新能源生态产业模式。这种模式主要凸显了海洋能在应对全球气候变化、调整能源结构、培育新兴产业中的战略地位。海洋能源通常指海洋中所蕴藏的可再生的自然能源，主要为海洋风能、潮汐能、波浪能、海流能（潮流能）、海水温差能和海水盐差能。海洋能是再生性能源，不会枯竭。这种模式通过探测适宜开发利用的海洋能，规划选址建设海洋能开发利用项目，实现生态保护和经济效益的双赢。

除此之外，随着人们逐渐认识到海洋对于缓解气候变化、构建碳中和重要性，依托于海洋碳循环产生的海洋碳汇生态产业发展模式也逐步萌发。

4.3.3 具体借鉴案例

（1）山东半岛——海洋牧场生态化发展范例

1）发展概况

海洋牧场是基于海洋生态学原理，利用现代工程技术，在一定海域内营造健康的生态系统，科学养护和管理生物资源而形成的人工渔场。海洋牧场是传统海水捕捞业与海水养殖业的结合，既区别于完全采捕野生渔业资源的海洋捕捞业，又区别于在人工设施形成的有限空间内生产、完全依赖人工投饵的海水养殖业。

2005 年，山东省在全国率先启动实施了渔业资源修复行动计划，实施以"增殖放流＋人工鱼礁＋藻类移植＋深水网箱"为主要内容的海洋牧场建设，并于 2014 年印发了《关于推进"海上粮仓"建设的实施意见》，将海洋牧场作为"海上粮仓"建设核心区重点打造，开启海洋牧场转型升级之路，内涵与外延均得到延伸，以现代信息技术和工程装备为支撑的离岸海洋牧场建设兴起。

截至 2018 年，山东省扶持建设省级海洋牧场（人工鱼礁）示范区项目138 个，建设面积 6645 公顷，带动全省人工鱼礁建设面积达到 1.95 万公顷；选划 185 处省级增殖站开展渔业资源增殖放流，累计增殖放流大泷六线鱼、黑鲷、许氏平鲉等恋礁性鱼类 2.58 亿尾，增殖中国对虾、三疣梭子蟹等各类水产苗种约 528 亿单位。已建设省级以上海洋牧场示范区 55 个，建成海洋牧场观测网系统 21 套、海上多功能平台 18 座，评定省级休闲海钓示范基地 15 处，省级休闲海钓场 33 处，配套建设标准休闲海钓船 212 艘。

2）生态产业化情况

一是形成生态渔业为核心的产业体系。据统计，2005—2017年，山东全省人工鱼礁区捕捞水产品约5.5万吨，产值约78亿元；全省近海回捕各类增殖资源51.2万吨，产值170余亿元。投放的人工鱼礁可为藻、贝提供附着基，为各类水生生物提供栖息、繁衍、生长、避敌的生息空间，明显改善了海底荒漠化状态，构建了新的生态系统；增殖放流的大泷六线鱼、黑鲷、黑鲪等恋礁性鱼类，有效地提升了海洋牧场及周边海域的生物资源补充量和生物多样性。

二是发展以休闲海钓为主的生态旅游业。山东省通过海洋牧场将渔业生产与休闲旅游体验相融合，有效地提高了产业附加值。2014—2017年，山东省15处省级休闲海钓基地接待游客近289万人次，直接收入近7亿元，带动消费73亿元，截至2018年，年均经济效益增长210%。通过发展休闲海钓，将粗放捕捞生产作业转为精致的海钓经营，有效避免海域生物资源过度输出，逐步形成"海洋牧场+休闲海钓+游钓型游艇"发展模式，构建各具特色的海上游钓型游艇经济圈。

3）实现路径

一是开展人工鱼礁试验，拉开海洋牧场建设序幕。自1981年起，人工鱼礁建设受到中央重视，农业农村部组织全国水产专家指导地方开展人工鱼礁试验。中国水产科学研究院黄海水产研究所在青岛胶南和烟台蓬莱两地率先开展了人工鱼礁的投放试验，拉开了山东省海洋牧场建设的序幕，也为山东省海洋牧场的快速发展奠定了良好基础。

二是开展渔业资源修复行动，推动海洋牧场建设进入快车道。2005年，山东省在全国范围内率先启动了渔业资源修复行动计划，实施以"增殖放流+人工鱼礁+藻类移植+深水网箱"为主要内容的海洋牧场建设，并形成政府提供政策和资金支持、企业实施建设的发展路径。2005—2009年，山东省增殖放流20余种海洋生物，投放苗种约95.5亿单位。资源回捕量共18万吨，总产值49.2亿元，直接投入与产出比为1∶17，渔民人均增收达10 929元。渔业资源修复行动不仅有效维护了海洋牧场周边的生态平衡，也进一步提升了海洋生态系统的承载能力，为海洋牧场建设创造有利条件。

三是延伸海洋牧场产业链,推动产业生态化转型升级。2014年山东省印发了《关于推进"海上粮仓"建设的实施意见》,将海洋牧场作为打造海上粮仓、发展海洋经济、推动乡村振兴的重要抓手。并鼓励发展生态农业的同时适度发展休闲旅游,推动海洋牧场转型升级。2019年,山东省人民政府印发了《山东省现代化海洋牧场建设综合试点方案》,明确提出了积极拓展海洋牧场发展功能,推进一二三产业融合发展,建设集生产、观光、垂钓、餐饮、娱乐、文化、科普等于一体的现代化渔业综合体。力争经过3年试点,打造具有典型示范作用的三产融合试点牧场,为全国探索海洋牧场多元融合发展新模式。该方案为延伸海洋牧场产业链、推动产业融合发展指明了方向。

4)主要经验

一是坚持规划引领,实施规范化管理。为利用好有限的海域资源,山东省根据建设实际,明确发展思路,先后发布了《山东省渔业资源修复行动计划》《山东省渔业资源修复工程规划(2010—2020年)》《山东省省级现代渔业园区建设规划(2011—2015年)》《山东省人工鱼礁建设规划(2014—2020年)》《山东省"海上粮仓"建设规划(2015—2020年)》《山东省海洋牧场建设规划(2017—2020年)》《山东省"十四五"海洋牧场建设规划》等多部规划,有效地指引了山东省海洋牧场科学、稳步和高效发展。同时,2005年山东省设立水生生物资源养护管理中心,专门负责全省海洋牧场规划建设的具体组织实施工作。并建立一套完善的管理体系,编制出台了《山东省人工鱼礁管理办法》《休闲海钓渔船试点管理暂行办法》《海洋牧场平台试点管理暂行办法》《山东省现代化海洋牧场建设综合试点方案》等管理规章,以及《山东省人工鱼礁建设技术规范》《海洋牧场建设规范》等系列标准,科学指导海洋牧场建设。

二是坚持科技创新,推动成果转化。山东省聚集全国30%以上的海洋教学与科研机构,50%的涉海科研人员,具备强大的科研优势。山东省以此为基础,积极搭建科技创新及应用平台,依托中国科学院海洋研究所、国家海洋局第一海洋研究所(现自然资源部第一海洋研究所)等10余家省级以上科研院所积极开展海洋牧场科技攻关,倡导海洋牧场建设单位与科研院所进行科企对接;成立了山东省人工鱼礁技术管理中心和4个生态型人工鱼礁实验中心，开展人工鱼礁新技术引进、研发、试验及推广工作；组织开展山东半岛近岸海域生态模拟试验，重点在人工鱼礁布局与礁型设计、海藻场构建、资源评估与利用等海洋牧场建设关键技术展开研究应用。同时，山东省以较高标准在全国率先启动海洋牧场观测网系统建设，已完成21处海底观测站的建设组网，建立了省海洋牧场观测预警数据中心，开发了海洋预报产品，基本实现对牧场海域状态"可视、可测、可控、可预警"，为实施海洋牧场大数据管理和科学决策提供数据支撑。

三是坚持绿色发展，构建立体生态增养殖模式。山东省海洋牧场建设着眼绿色可持续发展，不盲目追求产量和规模，推行多营养层级生态循环增殖模式，改单一品种单层养殖为多品种间作、轮作、立体养殖，改高密度养殖为合理疏养，并逐渐将近岸浅海增养殖推向离岸深远海，实施渔业减量增收转型升级，在全省总结推广了"贝、藻、参、螺"立体生态循环养殖方式，实现完整的生物链构建和海域自我净化，构建生态优先的海洋牧场发展模式。同时，山东建立全海域的生态红线制度，严格控制陆源污染物向海洋排放，深入开展涉渔"三无"船舶和禁用渔具整治行动，加强了对海洋生态和渔业资源的保护。

（2）广西防城港——红树林生态产业化发展案例

1）红树林概况

红树林是热带、亚热带海湾、河口泥滩上特有的常绿灌木和小乔木群落，生长于陆地与海洋交界带的滩涂浅滩，是陆地向海洋过渡的特殊生态系统。由于红树林以凋落物的方式，通过食物链转换，为海洋动物提供良好的生长发育环境，并且林区内潮沟发达，吸引深水区的动物到红树林区内觅食栖息、生产繁殖，同时也是各种海鸟的觅食栖息、生产繁殖的场所，因此，红树林内生物资源量非常丰富，是至今世界上少数几个物种最多样化的生态系统之一。

在我国，红树林主要分布在广东、广西、海南和福建。截至2020年，广东省红树林面积在全国排第一位，达到1.4万公顷；根据2019年4月自然资源部、国家林草局联合组织的红树林资源和适宜恢复地专项调查结果，广西红树林总面积达到9330.34公顷。

2）生态产业化情况

防城港位于我国大陆西南，地理位置十分优越，拥有近600千米的海岸线，是北部湾著名的全海景生态海湾城市。该市红树林覆盖面积约2058.83公顷，是我国最大的城市红树林，防城港也因此具有"红树林城市"之称。

防城港市依托于广西红树林研究中心专业科研团队，以石角红树林为养殖基地，选取高度适应红树林生境的锯缘青蟹和乌塘鳢等为养殖对象，结合海水涨潮退潮原理，采用大围网方式在红树林后方进行生态养殖，在保持原有红树林生态环境的基础上产生了直接经济效益，目前每亩红树林效益可达万元左右。

3）实现路径

广西防城港市引入广西红树林研究中心为主要科研团队，在维持红树林原有生态系统的基础上，利用红树林丰富的饵料来源以及红树林的根系庇护、净化水体和杀菌等作用，建设"地埋管道红树林原位生态养殖系统"，通过地埋式管网的方式在红树林后方适度开展生态养殖活动，在全球首次实现不砍不围红树林进行生态养殖的目标。该项工作有效地将红树林保护和水产养殖进行生态化结合，为红树林生态科学养殖提供了可借鉴的方案。

4）主要经验

一是坚持生态为基，推动红树林生态产业可持续发展。从广西红树林生态产业发展来看，防城港红树林产业在保持红树林原有水体交换的基础上，依托于红树林的生物多样性，发展特色的生态农业。因此，防城港红树林生态养殖产业以保护红树林特有的生态系统为前提，在此基础上适度开发红树林的商业价值，推动生态产业可持续发展。

二是坚持科学规划，推动红树林生态产业合理布局。由于红树林生态系统的重要性和脆弱性，在对红树林进行适度开发过程中，需要在有效保护生态资源的前提下，进行科学、有效的规划。在防城港红树林生态养殖开展伊始，以红树林研究中心为主的海水养殖专家和红树林专家组成的团队反复探讨、论证，并确定了场地选择、养殖方式、管理措施和科学检测等方面的设计和实施方案，为红树林生态养殖的成功奠定了重要基础。

（3）珠海桂山——海洋风能生态产业化工程案例

1）资源概况

风能是一种蕴量巨大的可再生清洁能源，预计全球的风能总规模约为 2.74×10^9 兆瓦，其中可利用的风能规模达 2×10^7 兆瓦，比地球上可开发利用的水能总量大 10 倍以上，尤其是海上风能因其具有流向稳定性好、能量集中度高的特质，开发利用趋势向好。目前，广东省沿海风能资源主要集中在湛江、江门、珠海、深圳、汕头等市，因处在东南季风区域有效时间长，开发潜力巨大。截至 2022 年，广东累计建成投产海上风电装机容量约 791 万千瓦，占全国 26%，居全国第二。[①]从我国首个台风海域海上风电发电机组——珠海桂山海上风电场成功并网发电，到珠三角核心区首个平价海上风电项目——中广核惠州港口二 75 万千瓦海上风电项目并网[②]，广东省海上风电产业近年来取得飞速发展。

2）生态产业化情况

珠海桂山海上风电场位于珠江口的伶仃洋水域，处于珠海市万山区青洲、三角岛、大碌岛、细碌岛、大头洲东岛与赤滩岛之间的海域。珠海桂山海上风电场工程规划总装机容量为 198 兆瓦，试点建设 120 兆瓦，该工程包括 66 台 3 兆瓦风力发电机组、110 千伏升压站、陆上集控中心、8 条 35 千伏集电海缆、2 条 110 千伏主海缆、3 条 35 千伏联岛海缆。通过该风电场的建设，每年可为电网提供清洁电能 49 591.5 万千瓦，不仅可以彻底解决东澳岛、桂山岛、大万山岛等 3 个海岛的用电问题，还能将约 90% 的电力回输到珠海陆地电网。同时，该海上风电场建成后，每年可减少 CO_2 排放量约为 32.57 万吨，烟尘 10.92 吨、SO_2 70.02 吨、NO_x 75.21 吨、灰渣 1.07 万吨，生态效应十分显著。

3）实现路径

一是统一规划，统筹海上风电布局。2011 年 8 月，国家能源局批复《广东省海上风电场工程规划》。规划提出，广东沿海 26 处候选海上风电场址，规划总装机容量共计 10 710 兆瓦。其中，珠海万山海域共规划海上风

---

①　南方网 https://news.southen.com/node_3f19cd4960/2f58bebd55.shtml.

②　广东省科技厅 http://gdstc.gd.gov.cn/kjzx_n/gdkj_n/content/post_4284935.html.

电场4处，分别是桂山、万山、佳蓬、金湾海上风电场，规划可装机容量为750兆瓦。桂山海上风电场是广东前期工作开展较早的海上风电场址。按照相关要求，桂山海上风电场项目在符合海洋功能区划要求基础上制定海上风电场的布局和规划，并严格按照《海上风电开发建设管理暂行办法》及其实施细则的要求，落实关于海上风电场选址布局的"双十"原则，引导海上风电机组合理布局，并合理安排开发时序，形成了分阶段的开发方案。

二是绿色发展，协调风电开发与资源环境保护之间的关系。由于珠海桂山海上风电项目选址周边分布有中华白海豚国家自然保护区、珠江口重要渔业水域等特殊海域，因此，协调风电开发与资源环境保护之间的关系显得十分重要，特别是需要避开具有特殊保护价值的海域，如各种海洋保护区、重要渔业水域、河口、海湾、典型海洋生态系统、划定的生态红线区及自然历史遗迹保护区等，真正推动桂山海上风电项目绿色、生态化发展。在此背景下，桂山海上风电项目通过核减用海面积、控制项目规模、优化风机布置等措施，提出兼顾发电效益和集约用海面积的优选方案，同时通过开展海洋环境专题评价论证、委托专业单位对白海豚活动、施工噪声和海洋环境进行监测等措施，确保项目在建设和运营期对环境和海洋生物的影响尽可能降到最低。

三是科技先行，着力破解海上风电的技术难关。桂山海上风电工程作为广东省首个海上风电项目，可借鉴的经验不多；项目所在区域常年有台风，海上盐雾大，对国产大功率海上风机的抗台风、抗腐蚀适应性及电网稳定接入有更高要求。针对以上技术难点和自然环境约束条件，项目组加大科研投入和技术攻关力度，通过研发适应珠海桂山自然环境条件的国产海上风电设备和海岛智能电网技术、引进国际先进施工安装技术等措施，成功实现海上风电场、海岛电网与大陆电网互联互通，达到了改善海岛民生、优化电网能源结构、促进地区经济发展的目的。

4）主要经验

一是科学的政策引导，助力海上风电项目落地实施。在国家层面，从《可再生能源发展"十二五"规划》到《风电发展"十三五"规划》《全国海洋经济发展"十三五"规划》等，稳妥推进海上风电建设成为国家的重要支持领域，更是我国海洋可再生能源利用业的重要发展方向。同时，随着海上风电发展规划、核准办法、施工规范及运营市场机制的逐步完善，国家更新发布了《海上风电开发建设管理办法》，简化了海上风电开发建设管理程序，明确了用海标准与规定，通过放管结合进一步规范海上风电管理。在海上风电电价政策的支持作用下，有效地保障了一批优质项目开发建设，并为推动产业发展提供了持续稳定的市场环境。在此基础上，广东等沿海各省也积极组织编制、报批海上风电产业发展规划，极大地推进了海上风电产业化的发展进程。

二是合理布局风电场，保障资源开发与环境保护协调发展。由于海上风电项目用海面积大，海上风电场的建设不仅要符合《海上风电开发建设管理暂行办法》及其实施细则的要求，同时还要综合考虑项目建设和用海对航运、军事、自然保护区、防洪、港口、机场等的影响。以桂山风电项目为例，在项目建设过程中，为最大程度保护和避让白海豚栖息地，多次通过控制项目规模、核减用海面积、优化风机布局等措施来降低对生态环境的影响。因此，合理布局风电场对推进海上风电项目十分重要。

三是加强技术攻关，保障海上风能高效利用。由于我国海上风电的开发和建设处于起步阶段，产业技术支撑能力仍相对薄弱，在大型海上风电设备制造、海上工程施工设备制造、离岸变电站、海底电缆输电等方面都有待加强，与海上风电产业发展密切相关的配套产业体系不健全，海上风电场的施工和运行维护缺乏专业团队。桂山风电项目通过技术攻关，在海上风电开发模式、海上风电设备国产化、海上风机基础型式及施工技术、海岛智能电网技术等方面取得长足进步，具有重要示范意义。

（4）美国湿地补偿银行——生态价值实现范例

1）发展概况

1988年，美国联邦政府提出了湿地"零净损失"的目标，该目标指必须通过建设或恢复的方式转换成其他用途的湿地数量加以补偿，从而保持湿地总面积不变。2004年，小布什总统提出超越"零净损失"的新政策目标——全面增加湿地数量和改善湿地质量的"总体增长"目标。这些政策指导促进了湿地补偿机制的产生与发展。在此背景下，湿地补偿银行应运而生。

湿地补偿银行是指通过恢复受损湿地、新建湿地、加强现有湿地的某些功能或保存湿地及其他水生资源，并将这些湿地以"信用"的方式以合理的市场价格出售给湿地开发者，从而达到补偿湿地损害目的的补偿机制。湿地补偿银行实际上是市场化的第三方机制，对于湿地开发者来说，向湿地补偿银行购买相应的"信用"，转移了湿地补偿的责任；对于湿地补偿银行建设者，是向美国陆军工程兵团提出建立湿地补偿银行申请的主体，且具备专业从事恢复受损湿地、新建湿地、强化和保有现有湿地的能力；而湿地补偿银行的监管部门，也是湿地补偿银行的建设许可部门，同时也是批准湿地开发活动、颁发许可证的政府部门，该部门对湿地开发行为严格审查，是否可避免，或是否可以最小化，同时对补偿的湿地进行持续监管。

2）生态产业化情况

自 1991 年美国诞生第一家商业湿地补偿银行以来，全美湿地补偿银行数量不断增加，截至 2016 年，全美湿地补偿银行已近 3000 家，产业化效应已颇具规模，产业化运作流程也较为成熟。美国陆军工程兵团和国家环保署联合制定的《1995 联邦湿地补偿银行导则》是美国湿地补偿银行机制设立、交易及监督的主要法律依据，明确了湿地补偿银行设立及运作流程的主要步骤（见图 4.3–2）。

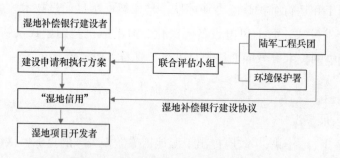

图 4.3–2　湿地补偿银行的设立及运作流程

①湿地补偿银行建设者提出申请

湿地补偿银行的设立始于其建设者向陆军工程兵团提出建设申请，并同时提交详细具体的执行方案，方案须分析湿地补偿银行的建设行为可能对周边环境造成的潜在不利影响，以及需借助湿地补偿银行手段进行补偿的湿地生态功能需求。

②管理部门的核查和审批

美国陆军工程兵团在收到湿地补偿银行建设者提交的申请和执行方案后，组织成立联合评估小组专门负责评估湿地补偿银行的申请，评估的同时将申请书的相关内容告知社会公众，必要时召集民众举行听证会，接受社会公众的审查和监督。联合评估小组共同对湿地补偿银行的建设申请进行全面审核，审核通过后，湿地补偿银行建设的申请人须与陆军工程兵团签署具有法律约束力的湿地补偿银行协议，且须严格遵照协议要求进行湿地补偿银行建设和运作。

③交易"湿地信用"

"湿地信用"的交易应满足一定的条件：一是需要政府部门对湿地开发者行为进行评估，确定是否可以不对湿地造成破坏，或存在可最小化减少湿地开发造成的损害；只有在无法最小化湿地开发损害时，才可以选择从湿地补偿银行购买"湿地信用"的方式来补偿；二是湿地补偿银行建设者必须严格遵照协议对湿地补偿银行进行建设和运作，以保证湿地生态服务功能和特性的实现。湿地补偿银行建设的湿地必须符合协议中的各项要求，才能取得陆军工程兵团许可的"湿地信用"，并出售给有补偿责任的湿地开发者。

④湿地交易后的长期管理

根据美国《清洁水法》的规定，湿地交易完成后，具有补偿责任的湿地开发许可人可将其购买"湿地信用"的管理责任转移给湿地补偿银行建设者。湿地补偿银行利用其专业的湿地维护人员和设备实现湿地的有效补偿和长期管理。除此之外，在湿地补偿银行的储备"湿地信用"全部交易后，经过政府部门的批准，湿地补偿银行建设者可将其交易湿地的长期管理责任移交给政府部门、私人土地管理者或非政府组织等实体组织。

3）实现路径

一是完善湿地保护法律体系，保障湿地补偿银行产业化的萌发。美国通过立法肯定了湿地补偿机制，是湿地补偿银行产生发展的前提。1972年，美国《清洁水法》提出湿地补偿机制，即"湿地开发者需要提供等价的替代湿地补偿受损湿地，以维持全国湿地的总量和功能"。1990年，陆军部和环境保护署共同签署备忘录，首次确认了湿地补偿银行制度的合法性并且规定在选择湿地补偿方式时，优先使用湿地补偿银行制度。而后陆军工程兵团协同其他部门在总结实践经验基础上颁布的《1995联邦湿地补偿银行导则》成为指导湿地补偿银行建立、运行和管理的主要依据。经过多年努力，美国通过湿地补偿立法，为湿地补偿银行制度实施构建了较完备的法律体系，使湿地补偿银行的建立、储备湿地的交易以及银行的后续监管提供了法律依据。

二是建立合理有效的行政管理体制，保障了湿地补偿银行的可持续运行。根据美国《清洁水法》第404条款规定，美国陆军工程兵团在湿地保护中居于主导地位，其他部门对陆军工程兵团的工作予以协调、配合和监督。湿地补偿银行的建立必须陆军工程兵团提交申请，陆军工程兵团作为银行监管者，依据国会授权和法律规定，负责对湿地补偿银行的建立和运作的整个过程进行监督和管理。环境保护署、鱼类与野生动物管理局、自然资源机构等部门对陆军工程兵团的工作予以协同和配合，并提出各自的意见并予以监督。这种以陆军工程兵团为主导，其他相关部门配合协助的行政管理模式，不仅对湿地补偿银行建设者进行了严格监管，也保障了湿地补偿制度的有效实施。

三是科学的湿地信用确定方法为湿地补偿银行奠定产业化发展的基础。在湿地补偿银行机制中，湿地信用确认是核心内容。美国现在实行基于面积和基于功能两种湿地信用确认方法。基于面积是通过湿地面积测量，按不同比率这算湿地信用，该方法较为粗略；基于功能的方法是通过评估补偿性湿地的生态功能进行测算，该方法相对复杂，依赖于科学可靠的测算技术，较为精准。只有通过科学合理的方法，制定明确有效的湿地信息确认标准，平衡全国的一致性和区域的灵活性，准确确定湿地信用，才能保证市场化的补偿交易能够顺利进行。

四是市场交易模式为湿地补偿银行机制注入新的活力。湿地补偿银行通过完善市场交易制度并运用市场交易手段，带动市场主体积极参与到湿地补偿中，引入了大量私人投资，从而带来较大的湿地生态服务市场投资，不但推进湿地保护投融资的多元化，同时也节约政府在专业技术、人才和财政方面的投入，减少了公共支出，实现了多方共赢，同时，美国湿地银行机制引入公众参与的透明监管制度，也进一步维护了市场的有效运行。

4）主要经验

一是制定关于生态补偿市场化的政策法规。美国通过立法肯定了湿地补偿机制，并搭建形成一系列关于湿地补偿市场化的政策法规体系，有效保障了湿地补偿银行呈产业化发展。美国湿地补偿银行的成功经验表明，生态补偿市场化制度的成功运作必须有明确的政策法律作为指引，通过立法确定生态市场化制度的建立、运行和管理程序，将有效保障该生态产业化模式合理运行。相比之下，我国生态补偿机制尚在探索实践的过程中，相应的政策法律体系尚不健全。作为我国改革开放的前沿阵地，珠三角核心区内各主要城市可利用好先行先试的政策，探索制定生态补偿地方性政策和法规，尝试建立类似湿地补偿银行的市场主体，并培育孵化，进一步呈产业化发展。

二是建立完善明晰的湿地产权制度。湿地补偿银行在美国逐步能够形成产业化发展的重要条件是具备清晰明确的湿地产权制度。在美国，联邦政府对联邦所有湿地拥有完全、排他的管辖权，主要建立由联邦管理的自然保护区、国家公园，也建立如国家荒地保护体系等体系。而联邦土地范围以外的湿地，则根据《清洁水法》的规定，开发利用者在许可证发放前，必须完成湿地损害的补偿责任。而在我国，仅存在对湿地系统内某些资源的权属规定，尚未建立明细的湿地产权制度，也助长了长期以来湿地资源开发利用的混乱无序。随着我国《建立国家公园体制总体方案》实施以来，湿地分级体系和相应的产权制度逐渐清晰，将为珠三角核心区探索发展以湿地补偿银行为模式的生态经济奠定基础。

三是探索行政监管与市场行为相结合的道路。湿地的公共物品属性决定了对湿地的管理不可能离开政府部门，而美国湿地补偿银行就是一种结合政府行为和市场行为的方式，通过许可部门制定的标准，运用市场手段激励开发利用者承担对湿地的损害责任，也使湿地补偿银行作为新的主体而产生。湿地补偿银行的本质是在政府监管下的限额交易，并对湿地补偿的方式及过程进行严格监督。在我国，湿地的行政管理、开发利用和保护涉及多个部门，对湿地的生态效益较为忽视，且在生态保护领域，市场行为尚未完全涉足，主要为政府公益性投入，也阻碍了以湿地补偿银行为模式的生态产业发展。珠三角核心区市场经济活跃，行政监管也已付诸较多探索，如有效结合行政监管和市场行为，将为生态补偿形式的生态经济发展创造有利的外部条件。

（5）澳大利亚大堡礁海洋公园——海洋公园发展先例

1）发展概况

大堡礁（Great Barrier Reef），是世界上最大、最长的珊瑚礁群，位于南半球，它纵贯于澳洲的东北沿海，北到托雷斯海峡，南到南回归线以南，绵延伸展共有 2011 千米，最宽处 161 千米。有 2900 个大小珊瑚礁岛，具有优美的自然景观和丰富的生物资源，包括 350 余种珊瑚，1500 余种热带海洋鱼类、4000 余种棘皮动物和软体动物等其他海洋生物，以及 240 余种鸟类栖息。

1975 年，澳大利亚政府颁布的《大堡礁海洋公园法案》，提出了建立、控制、保护和发展海洋公园，其中涵盖了大堡礁 98.5% 的区域范围，同年成立大堡礁海洋公园管理局，负责该地区资源开发和保护的协调管理工作，目的是协调海洋公园的生物多样性保护和合理利用，同时合理发挥特定海域生态旅游功能。1981 年整个大堡礁区域被划定在世界遗产名录中，是澳大利亚的第一个世界遗产，也是世界上面积最大的世界遗产；是全球最大的海洋保护区，也是全球最大的珊瑚礁区，被称作世界七大自然奇观之一。

2）生态产业化情况

①分区管理的生态旅游

澳大利亚大堡礁海洋公园管理局早在 1983 年便开始探索大堡礁海洋公园功能分区的工作，经过多次完善后，于 2003 年发布沿用至今的《大堡礁分区计划》。根据本分区计划，大堡礁被分为严格保护区、河口保护区、海洋国家公园区、科学研究区、缓冲区、保育公园区、栖息地保护区和一般利用区，在海洋公园内开展的生态旅游活动均需按照分区计划来实行，并且规定旅游经营者必须持有许可证才可以开展旅游经营活动。目前，基于大堡礁丰富的旅游资源，开发了划船、潜泳、浮潜、赏鲸和游轮观光等多元化的水上活动和旅游活动。

②允许开展的科研教育

按照《大堡礁分区计划》，大堡礁海洋公园管理局将大堡礁海洋公园内的活动细分为16项，并在8个分区内详细明确了具体的活动限制。由于大堡礁生物资源丰富，是全球重要的生物基因库，也是研究全球气候变化的天然场所和重要对象，因此，大堡礁海洋公园管理局鼓励在公园范围内开展合理的科研活动，充分发挥大堡礁科学、文化的使用价值，科研教育也是唯一在获得许可证前提下可以在8个分区中开展的活动。

③限制发展的生态渔业

由于大堡礁内物产丰富，科学生态养殖和有限制的捕捞在大堡礁海洋公园特定分区范围内是允许的，其中水产养殖活动在保育公园区、栖息地保护区和一般利用区内允许开展，但前提是获得大堡礁海洋公园管理局颁布的许可证，而这也对水产养殖的科学性和环保性提出了更高的要求。此外，对生物资源影响较大的拖网捕捞，在公园内绝大部分区域是禁止的。

3）实现路径

大堡礁海洋公园和黄石公园分别作为澳大利亚和美国的国家级公园，在生态保护和产业化方面有着较多的相似之处。

一是通过立法确立大堡礁生态保护的法律地位。早在1975年，澳大利亚政府即制定了《大堡礁海洋公园法案》，并于1982年颁布《海洋公园法》，1992年制定自然保护法、渔业法、昆士兰自然保护规范等法令；于1999年制定了《大堡礁地区禁止采矿条例》，2000年制定了《大堡礁海洋公园水产业条例》。截至目前，澳大利亚政府针对大堡礁已建立了较为完善的自然遗产保护和旅游管理的法律法规体系，有效保护了大堡礁的自然资源。

二是通过分区管理推动大堡礁生态产业可持续发展。在建立大堡礁生态保护的法律体系基础上，大堡礁海洋公园进一步颁布《大堡礁分区计划》，在此分区管理的框架下，大堡礁海洋公园管理局允许在相应的分区范围内开展科学研究工作、生态环保型的水产养殖活动和海洋旅游活动，并对水产养殖和旅游开发等活动的规模、工具等进行了严格的环保限制。

4）主要经验

一是建立成熟高效的管理机制。根据澳大利亚政府间协定，大堡礁由大堡礁海洋公园管理处、昆士兰环境保护部、昆士兰公园和野生动物管理局共管。大堡礁海洋公园管理处是独立授权的法定管理机构，同时受到昆士兰州政府的支持，日常管理政府由州政府和联邦政府平摊。大堡礁海洋公园管理处同州政府其他机构，如昆士兰旅游局、环保部门、渔业部门协调合作，对大堡礁保护和利用进行协同管理，保障了对大堡礁的管理规范到位。

二是健全完善的法律法规体系。目前，涉及澳大利亚大堡礁的法律法规达 10 余部，内容上涵盖了自然环境保护、渔业养殖和捕捞、旅游管理和发展等众多方面，较为完善的生态环保法律法规体系基本搭建完成。同时，在澳大利亚严格的执法环境下，珍稀鱼类、珊瑚等偷捕、偷采，违法的旅游开发等情况均被严格禁止，也使大堡礁的自然资源得到有效的保护。

三是设立可执行性强的分区计划。大堡礁海洋公园管理局根据 20 余年探索所得的经验和珊瑚礁调查的数据，经多次完善形成了《大堡礁分区计划》，并根据计划利用项目和开发活动强度将大堡礁划分为 8 个分区，同时将大堡礁内的开发活动细分为 16 个种类，并在此基础上，明确了每种开发活动在各个分区中的活动限制，为政府部门管理提供了全面、可参照执行的依据，也为保护大堡礁的生态平衡奠定了基础。

4.4　海洋金融支持海洋经济发展经验借鉴

湾区经济已经成为世界发展的一个重要的引擎，也是许多世界级城市发展的共同趋势[90]。极具代表性的湾区有纽约湾区、旧金山湾区和东京湾区。这些具有开放性、创新性、宜居性和国际化等特征的著名湾区，其开放的经济结构、高效的资源配置能力、强大的集聚外溢功能和发达的国际交往网络，已成为拉动全球经济发展的核心增长点和驱动技术革新的领头羊。

4.4.1　纽约湾区

纽约湾区位列国际四大湾区之首，位于美国金融中心、制造业中心、商业贸易中心和航运中心的纽约，主要由 25 个县组成，包括纽约州的 12 个县、新泽西州中的 12 个县和宾夕法尼亚州的 1 个县。该湾区重要的城市包括纽约市、纽瓦克市和新泽西市，占地面积约为 2.1481 万平方千米，是一个陆地面积占地最大的湾区。从湾区的形成来看，纽约湾区的形成与当地的历史、文化和经济以及其他因素密切相关，第二次世界大战之后，由于大量的中产阶级工贸和资本家的迁移，加速了湾区的城市发展与建设。作为世界湾区之首，也是唯一一个跨州建设的大都市区，纽约湾区的经济发展大概可以分为以下 3 个阶段。

（1）港口贸易发展商业贸易，金融服务业助力经济发展

纽约的金融职能最早出现在 19 世纪早期，发展至今，有将近 2900 余家世界金融、证券等机构在湾区内落户，为打造国际金融龙头地位奠定了有力的基础。因此，纽约湾区也被称为"金融湾区"，其中以金融保险业和地产租赁业最为突出。

与其他湾区一样，纽约港为纽约湾区提供一个天然的海洋优势。依托于纽约港，纽约湾区在发展各种海洋贸易交易同时，为纽约市及其辐射的其他区域输送物产、人才和财富，传统的湾区物流以集装箱物流为主。独特的地理自然优势，使纽约湾区吸引了众多的世界 500 强企业在此落户，康涅狄格州更是美国重要的制造业中心，约 270 家制药企业在新泽西州落户，使纽约的制造业、医药业的产值成为全美第一，并逐渐形成了以轻工业、服装业、制药业、制糖业为主要支撑的产业格局。纽约港不仅为当地带来了大量的财富与物产，同时也为世界各地的人提供了一个新的创业机遇，大量的人才流入纽约，成为发展城市的主要来源。

纽约制造业的增长一直持续到第二次世界大战结束后，后来随着工厂大量关闭与搬迁，纽约各大公司总部向外转移，劳动力逐渐由从事制造业转向从事服务业。1975—1976 年，纽约发生财政危机后，第三产业在纽约迅速崛起，吸引大量就业人口，个人服务业（餐饮业等）、生产服务业、社会服务业持续发展。就业结构的升级带动了劳动力整体素质的提高，纽约经济结构由制造业为主向服务业为主的转型，拉动了经济发展。其中，曼哈顿的金融商务服务业集群就是在纽约经济结构转型的大背景下逐渐发展起来的，信息技术革命与跨国公司的增加进一步集聚了国际资本，生产性服务业在中心区就业比重速增。此外，纽约证券交易所的建立，使纽约不管是贸易还是

金融都不断繁荣，逐渐成为世界的金融中心，金融业的发展反过来也促进了纽约湾区其他一些周边产业的发展，包括促进其他服务业的发展。

（2）教育带动科技，规划促进产业转型

良好的规划促进和带动了区域的经济和教育的发展。纽约湾区作为美国东部的重要的教育基地，是世界高水平院校和研究机构最为密集的区域。湾区内仅常春藤联盟高校便有位于康涅狄格州的耶鲁大学、位于纽约州的哥伦比亚大学和位于新泽西州的普林斯顿大学等3所。除此之外，周边地区还聚集了哈佛大学、麻省理工学院、康奈尔大学、纽约大学等多所具有深厚的历史底蕴、科研实力一流的全球顶尖院校。因此，纽约湾区整体的教育水平极高，人才优势可谓得天独厚。较高的教育水平提供了良好的人才资源及储备。人才的储备和技术的研发，为纽约湾区的产业升级和高新技术的发展提供较强的支持。

良好的规划能有效地利用湾区独特的地理形态，能更好地发挥其发展优势，形成高度发达的良性循环的城市群，对推动周边区域的发展有显著作用（表4.4–1）。纽约湾区内有居民2370万人，GDP总量高达16 575亿美金，相当于我国的北京、上海、广州和深圳4个超大城市GDP的总和。纽约湾区的高速发展，除了因为其独特地形的自然禀赋外，跨行政区域的统筹协调规划也起到了十分重要的作用。平衡区域内的人口、利用公路建设缓解中心城区的压力，利用基础设施建设引导和改善经济的可持续发展，推动湾区产业转型，合理布局空间资源是湾区四次规划需要解决的重要矛盾之一，同时也是推动周边城市经济发展，促进不同部门通力协作的重要纽带。总而言之，科学的区域规划有助于湾区，特别是跨行政区发展的有效抓手。

科技创新的主体离不开高水平的人才，同时企业是为高水平人才提供知识转换的平台。纽约湾区凭借其具备的特殊优势，大量的产业巨头汇聚在这里，有近90家财务世界500强的企业落户纽约。大规模产业的集聚将带来知识的溢出效益，能够提高区域技术的创新能力。同时，例如谷歌、脸书、生物医药巨头等实力雄厚、具有广泛影响力的国际大型科技公司，为纽约科技创新的生态塑造产生了重要的影响。

表 4.4-1 纽约湾区的发展史

年代	发展历程
19世纪至20世纪20年代	单一城市:以纽约港的独特地理位置为依托,聚集大量的人力、财力、货物,形成了以曼哈顿为中心的贸易大港,世界城市地位初步形成
20世纪20—60年代	都市区:以纽约为核心,向周边小城市辐射,形成卫星城环绕的都市圈,分散了城市功能
20世纪60年代至20世纪末	城市群:波士顿、纽约、费城、华盛顿和巴尔的摩五大城市群横向蔓延,相互连接,形成横跨多个州县的大都市连绵带
20世纪末至今	湾区:制造业的转移,使得纽约成为跨国金融机构的集中地,对全球经济进行控制和协调,各城市进行分工协作,最终确立了其世界湾区的首要地位

总的来说,湾区的经济发展,一方面得益于纽约湾区内的金融力量,科技创新也在纽约湾区兴旺起来。大量金融服务与风险投资机构支持创新融资,使纽约湾区成为美国和国际大型创新公司总部的集中地,全美500强企业,约有30%的研发总部与纽约的金融服务相联系,吸引了各种专业管理机构和服务部门,形成了一个控制国内、影响世界的创新服务和管理中心。另一方面,纽约湾区科技创新的发展也得益于全球顶尖科教机构。耶鲁大学、普林斯顿大学、哥伦比亚大学等多所世界一流名校在纽约湾区及周围聚集。许多创新孵化器与科研机构布局依附上述著名大学构建产学研创新机制,这不仅有利于大学科技创新成果的直接转化,还促进了高新技术企业的成长。

(3)激励政策强化城市创新活力

21世纪是科技创新,技术飞跃发展的一个关键时间,完善的激励政策可以更好地推动相关主体发挥创新潜力。纽约市发布的各种创新创业优惠政策,包括税费抵扣、租金减免、能源补贴、特殊产业的专门优惠政策等,为各类科技创新企业减少了税费负担。纽约市制定的覆盖全生命周期的创新激励体系,从企业初期的项目孵化、融资、人力培训等,到后期的项目转化提供了一系列的激励措施,加强了城市对人才的吸引力,同时也提供了更为友好的创新创业氛围和环境。

4.4.2　旧金山湾区

旧金山湾区位于美国加利福尼亚州北部、美国西岸中点，包含了旧金山在内的邻近 9 个郡，总面积约 7000 平方英里（约 18 000 平方千米），人口 700 多万人，是美国第四大、西海岸第二大（仅次于洛杉矶）都会区，是美国重要的经济中心、科技中心和金融中心。与其他湾区不同，旧金山湾区里有多个较大规模的城市，最主要的城市是旧金山半岛上的旧金山，南部的圣何塞和东部的奥克兰，因而这一大都会也被称为"圣何塞 – 旧金山 – 奥克兰联合都会区"。其中，旧金山是湾区的经济、金融、商业与文化中心，是太平洋岸证券交易所、美国最大的银行美洲银行总部以及旧金山联邦储备银行、富国银行所在地，人口密度在美国仅次于纽约排名第二。圣何塞是湾区里人口最多、面积最大的城市，也是著名高科技地区——硅谷（Santa Clara Valley 及其周边地区）的中心城市。奥克兰是美国重要的制造业及分销业中心，也是美国西海岸最大的铁路总站 / 枢纽，并拥有美国第四大集装箱港口。与纽约湾区相比，旧金山湾区依托新兴产业带动金融、旅游以及其他服务业的发展。高科技产业集群的发展、发达的城际轨道交通、优良的城市环境、具有竞争力的高校群和城市协调机制，是旧金山湾区产业集群发展最大的优势。

（1）人口带动经济发展，创新产业驱动引领科技进步

旧金山是美国经济最繁荣的区域之一。旧金山湾区 GDP 及人口总量均在美国排名靠前，且经济增速领先。美国经济分析局数据显示，2017年，旧金山湾区以 8375 亿美元的 GDP，在全球排名第 17 位。虽然旧金山湾区的发展水平高，但是从最新的湾区经济保重中不难看出，2010 年以来，湾区每个季度的 GDP 增长速度均超过美国全国的平均水平，从国际对比水平来看，旧金山湾区的年变化率的 GDP 的增速为 4.3%，远高于全球 25 个最大经济体中大部分的国家的增速。而从人口数量来看，根据美国人口统计局普查数据，圣何塞 – 旧金山 – 奥克兰都会区是美国人口第五大地区，成为美国西部仅次于洛杉矶的第二大人口集聚区。

旧金山具有独特的人文和自然景观，其方便快捷的交通网络和创新创业精神带动了当地的经济快速发展。依托旧金山的人才优势等因素，旧金山湾区大力发展创新经济，湾区内出现的众多创新型产业，使旧金山湾区成为全球四大湾区中以科技为主的湾区，依托信息产业带动金融、旅游和其他服务业发展壮大，最终发展为全球主要湾区中人均GDP最高的世界级城市群。从就业结构来看，它的计算机和数学、商业金融、管理等行业的从业人员占比，明显都要高于美国平均水平。

（2）知识创新拉动区域协调，产业转型带动区域发展

旧金山湾区按照地域分为五大子区域，依据各自的文化、金融和都市中心，形成了各自不同的湾区文化和金融发展模式。

位于旧金山湾区的东湾，以奥克兰市为中心，产业主要以化工、机械等为主，是美国西部交通体系的中心。奥克兰港是美国西海岸的第一大港湾，其独特的地理优势，促进了当地工业经济和港口经济的不断发展。加利福尼亚州具有全美最大的海洋经济州，主要金融服务业以旅游和休闲为主，其次是运输和海上石油。但是海洋环境的破坏与海平面的上升，对湾区的房屋和基础设施存在巨大的风险。奥克兰港凭借邻近城市的优惠政策，借助港湾强大的交通运输能力和港口管理部门的大力改造，成为奥克兰新的经济增长极。北部湾区具有丰富的土地农田资源，是美国著名的酒乡和美食之都，全美90%的葡萄酒在此生产，其中以圣何塞城市为主要代表。圣何塞从一个农产品加工业为主的小城市，借助移民的增加和硅谷产业的迅猛发展，迅速成长为一个以高科技产业为主导的大城市。旧金山湾区的南部以著名的"硅谷"为核心地带，吸引了大量的高新技术企业在此聚集，是科技创新的聚集地。以硅谷为产业链带动的科技金融发展成为湾区内金融发展的显著标志，同时也吸引了大量的金融企业进行融资。

旧金山湾区的科创企业能够依靠市场之力，更好地将高校研成果迅速投入商业运营当中。科技金融业发展的同时，各种类型的金融、管理等中介同时也形成了完善的服务体系，帮助湾区整合产业要素，提升科技的商业化率。旧金山湾区金融业的产学融合是珠三角核心区建设中可以借鉴的重要经验。

总的来说，旧金山湾区科技金融发展良好的成功因素主要在于以下几

个方面：

  1）硅谷在高新技术及产业上的优势拓宽了金融风险投资的市场空间；

  2）纳斯达克股票市场的建立为风险投资提供了良好的退出渠道；

  3）传统金融行业对风险投资提供了强有力的保障和支撑措施；

  4）科研技术的快速发展为高新技术的产业化提供了可靠的保障；

  5）政府的大力扶持为金融投资行业创造了良好的发展环境。

（3）风险投资比例逐年增加，提升湾区海洋综合竞争实力

  旧金山湾区的经济发展中的金融支持政策，大部分都是依托硅谷高技术产业园而设立的，因此，与其他湾区的金融特色不同，旧金山湾区大部分的资金来源与融资模式主要是来源于风险资本，并且其投资金额远高于新加坡、德国、英国等国家和地区，且投资比重逐年增加。湾区内拥有将近1000余家的风险投资公司和2000余家的中介服务机构。除此之外，政府的财政资金在科学研究上的投入为研发创新提供一定的保障，减免税收等政策刺激企业的创新积极性。旧金山湾区高新技术的研发与科技产业的创新的成果离不开健全的科技金融体系的支撑，商业银行信贷的大规模支持力度，极大地促进了当地产业集群的发展。风险投资形式的多样化，为中小企业带来了更有力的保障。湾区内风险投资的资金来源除了个人投资外，大公司资本、私募证券基金等也是风险投资的主要来源。

  除了风险投资外，以支持微小企业的专业银行为主导的间接融资模式，其中以硅谷银行模式和社区银行模式为主要代表，为中小型高科技企业融资提供了补充。这些银行以信贷为主，同时兼容理财服务、价格评估等功能，有效地解决了高新技术企业与银行直接存在的信息不对称和风险问题。

4.4.3　东京湾区

  东京湾区作为世界上第一个主要依靠人工规划而缔造的湾区，具有"制造业创新基地"的称号，与自然形成的旧金山湾区和纽约湾区相比，有更为明显的规划设计和精密实施的痕迹，成为人工规划湾区建设的典范。它在发展过程中遭遇的重大问题和解决方案，对珠三角核心区建设具有重要借鉴意义。

（1）明确城市功能，打造多元金融产业

东京湾区面积约为 1.36 万平方千米，占日本国土面积的 3.5%。2016 年名义 GDP 1.7 万亿美元，高于纽约湾区（1.4 万亿美元）和旧金山湾区（0.84 万亿美元），位于全球湾区之首。人口 3643 万人，约占日本总人口的 30%，是日本的政治、经济和产业中心。

东京湾区经济高水平发展，以日本国土面积的 3.5%，创造了超过 1/3 的日本 GDP，经济效率在日本各都道府县中位居前列。20 世纪 60 年代到 80 年代，东京湾区 GDP 爆发式增长，占日本 GDP 的比例从 20 世纪 50 年代的 25% 左右，上升到 30% 左右，近年来又进一步上升到 35% 左右，是日本经济的最重要组成。

东京湾区主要包括东京中心区和多摩地区，由于地理位置、文化、历史、人文等因素的不同，东京湾区的不同区域分别承担着政治、文化、金融、信息枢纽的功能和高新技术研发等不同的职能。日本最大的成田国际机场和千叶港口均位于东京都东侧的千叶县，是国际知名的空港、港湾，也是钢铁、石油、机械等工业聚集地。位于东京都北侧的埼玉县，铁路、公路发达，森林资源丰富，分担部分首都政府职能。神奈川县是重要的工业聚集地，横滨市和川崎市不仅是京滨工业带上的核心工业城市，而且分别拥有横滨港和川崎港国际港湾，同时还在不断强化国际交流和国际商务职能。

表 4.4–2　东京湾区各区域的功能定位

区域	功能定位
东京中心区	政治行政的国际中枢职能，金融信息、科教文化等中枢职能
多摩区域	东京区大学、研发机构和高新产业区
千叶县	国际空港、港湾、工业集聚区
埼玉县	政府职能、国际交流、国际商务等
神奈川县	工业聚集地和国际港湾、商业和国际交流职能

东京湾区和全球主要城市之间，也建立了发达的海空立体交通网。东京湾区拥有横滨港、东京港、千叶港、川崎港、横须贺港和木更津港等世界级港口，而且注重港口之间的规划和利益协调，将湾区港口整合为"广域湾区"，即对内独立经营、职能分工明确；对外作为整体参与竞争，提

升东京湾区港口的整体竞争力。

表 4.4–3　东京湾区港口定位

港口	功能定位
东京港	服装、电机和食品,蔬果进口量占日本的24%,主要用于出口可再生材料、化工品、汽车配件等
横滨港	液化气等原材料;主要用于出口汽车、化妆品
千叶港	日本最大的工业港口;主要用于进口钢铁、石油化工;用于出口石油制品、化学药品
川崎港	能源供应港口;主要用于基础原料的进口以及工业制成品的出口
横须贺港	军用港口,同时兼顾少量的商用
木更津港	支持当地产业发展的重要工业港口,铁矿石进口量占日本总进口量的10%

（2）产业聚焦，突出优势

东京湾区产业结构较为发达。农林渔牧等第一产业占比极低,不足1%。第二产业中高端制造业发达,优势产业包括汽车及其零部件制造、电子产品制造等,代表企业有日产汽车、丰田汽车、日本制铁、索尼、佳能等世界 500 强企业。批发零售、房地产和信息通信业等第三产业占 GDP比重最高,超过 80%。

20 世纪 60 年代开始,东京湾区内部的制造业,尤其是机械工业发生了迁移。以银座为辐射点,向西（川崎市和神奈川县方向）延伸出京滨工业带,向东（千叶县方向）延伸出京叶工业带。目前,京滨、京叶两个工业带是全日本,也是全球最大的工业带,工业产值占全国 40%,囊括了钢铁、有色、冶金、炼油、石化、机械、电子、汽车、造船和现代物流等产业。

从就业结构角度也可看出,高附加值服务业是东京湾区主要的就业方向。与全国劳动力就业情况相比,东京湾区第一产业和第二产业的就业比例（20.94%）远低于全国水平（27.74%）,第三产业大部分行业的就业人员占比高于全国平均水平。批发及零售业、医疗保健和福利、其他服务业、信息通信业和运输邮政业,是东京湾区第三产业就业占比最高的 5 个子行业。

从产业的发展结构上来说,东京湾区的产业结构从依靠良好的海湾地理位置优势,大力发展临港工业经济。在 20 世纪 80 年代,随着人口劳动力的集聚,加快了东京湾区工业化和城市化的进程,随着东京经济发展模式的不断改进,制造业逐步在东京湾区中占据主导地位,同时,第三产业，以批发零售业、房地产业为代表的行业发展也呈现均衡态势。20世纪80年代，逐步转型为知识密集型创新经济，湾区内部的产业核心区也逐步打造为对外贸易中心、金融服务中心和高科技产业中心，附加值相对较低的一般制造业部门被迁移至周边的横滨、川崎等城市，最终形成了产业布局均衡、第三产业为主、高端制造业发达的产业结构体系。

（3）间接性融资模式助力金融体系建设

日本主要的金融体制是以银行为主导的融资模式，主要由金融机构（以银行为主导）的机构贷款和从社会上募集而来的直接融资模式。政府通过建立中小企业金融公库等政策性机构，为中小企业的发展提供融资服务，扶持中小企业的科技创新。而在以政府为主导的融资模式下，信用担保机制是融资难问题的主要制约因素。中小企业往往因为缺少抵押品和信用记录而造成融资困难。为解决这一问题，政府提出了以中央与地方风险共担、担保与保险有机结合的信用保证体系，降低了融资难度。同时，政府根据《促进工业振兴和其他法律促进如本工业活动创新的特别措施法》《天使投资税制》等政策文件，为风险投资科技型企业提供法律保障和一定的政策优惠措施。2010年以后，为了更好地发展多层次资本市场，日本政府对市场上现有的1000余家上市公司进行整合，建立了亚洲最大的科技企业融资场所，为具有一定规模的企业和正在发展中的中小企业提供一定的资金支持。

4.4.4 其他国家和国际组织

海洋资源物产丰富，蕴藏着世界最大的蛋白质资源。随着人们对海洋资源开发和利用的不断深入，平衡生态和经济发展之间的关系成为推动海洋经济可持续发展需要解决的主要问题之一。有关国家和地区在金融支持海洋生态环境保护修复方面出台了有利政策。

英国是一个四面环海的国家，其海洋经济的发展历史相对较早。伦敦的海洋金融产业起源于海洋经济的服务，以航运为代表的海洋经济起源于家族式。因为其独特的发展模式和发展过程，伦敦的海洋法律体系相对完善。而伦敦作为全球另一个重要的金融中心，可以利用一流的金融业者提供专业的金融服务。对于海洋产业的发展，伦敦聚集了集贷款、配置的产业集群，金融业和服务业的完备性具有非常强的国际竞争力。从政府的角度来说，伦敦市政府与海事行业之间存在良好的互动，伦敦的海洋金融不仅是英国的海洋金融，在政府的大力扶持下，发挥完善的工商配套服务、法律服务和生活设施的服务，降低海洋金融业带来的税费，逐步将伦敦的海洋金融发展为全球的海洋金融，吸引更多的投资者。

挪威的海洋产业主要依靠船航运业、海洋产品和服务产业三大产业组成，产业集聚性各具地域特色，是世界上少有的海洋经济产业聚集的国家。海洋金融是挪威海洋经济产业中相对重要的环节之一。为了加强传统海洋经济产业的配套设施（如渔业和造船等），近几年来，挪威的海洋金融发展势头迅猛，成为全球海洋金融中心之一，绝大部分的海洋经济相关的金融服务机构在奥斯陆都设有分部。与此同时，挪威银行、北欧联合银行、证券交易所等世界型大型银行也相继在挪威落户，成为海洋金融领域的国际性金融机构。从政府的角度来说，挪威政府出台的一系列开放性政策，积极引导产业发展，运用市场化运作手段，加强行业沟通、研发力度，更好地促进市场化发展。其次，完善的产业集群、金融服务产业自身的产业链为挪威的海洋金融奠定了很好的基础。挪威的海洋金融的信贷支持力度相对其他银行来说相对稳定，通过市场化定价、信用评级等机制，强化风险管理体系，为挪威的海洋金融产业发展提供有力保障。

亚洲开发银行于 2019 年 5 月宣布的《亚洲及太平洋地区健康海洋和可持续蓝色经济行动》中指出，提供价值 50 亿美元的财政和技术支援，用于扶持海洋经济；世界银行的蓝色计划项目在 2018 年 9 月正式启动，以支持健康海洋中的综合和可持续经济发展，该方案涉及海洋污染与海洋经济之间的协调问题，促进政府和其他利益主体之间相互督促；联合国环境规划署起草了《联合国环境规划署 2020—2030 年海洋和沿海战略》，该战略加强了可持续海洋行动的指导原则，强调了海洋开发与经济的相关基础知识，促进海洋资源的循环利用，鼓励更好地利用沿海资源，制订对应的计划，开拓创新的融资手段。欧盟委员会在 2012 年提出的"蓝色增长"战略，从蓝色能源、水产养殖、滨海旅游、蓝色生物科技和海底采矿等多个方面促进海洋环境的可持续发展。

5 / 推动珠三角核心区海洋经济
高质量发展的对策

本章重点研究科技创新引领海洋产业生态化发展、海洋资源开发与管控、生态产业化促进美丽湾区、多层次金融支持海洋产业发展等方面的机制、模式和建议，为后续探讨如何推动珠三角核心区海洋经济高质量发展提供一般意义上的理论基础。

5.1　科技创新引领海洋产业生态化发展对策

海洋经济的高质量发展、珠三角核心区的建设以及实现可持续发展均离不开海洋科学创新的支撑。一方面，海洋经济的高质量发展要求利用科学技术对传统的海洋产业及粗放的生产方式进行改造升级，防治海洋生产活动中产生的污染，改进生产工艺，对工业生产废弃物循环利用，从而实现海洋资源的高效利用。同时，海洋高质量发展要求对海洋生态环境的保护也是高质量，要对生产活动对海洋造成的破坏进行生态修复，科学技术在这其中起到了关键的作用。海洋污染治理、海洋生态修复、海岸线修复、生态化海堤建设等都需要海洋科技创新作为重要支撑；另一方面，海洋新兴产业的发展是海洋科技创新的产物。海洋新兴产业通常以高技术含量、低投入、低能耗等为特点，可以有效地提升海洋资源的利用效率，伴随着海洋科学技术的不断发展，海洋生物医药、海洋新能源、海水淡化、海洋新材料等新兴产业不断发展，这些高科技海洋产业的发展将有力增强海洋经济高质量发展的内生动力。

海洋产业生态化发展路径应以海洋产业发展规律为前提，以海洋生态系统承载力为基础，以良好的生态环境为保障，以科学技术为核心，以绿色、循环、低碳、可持续的生态化发展模式为目标，不断推动海洋产业结构优化升级、组织集聚集群、生产方式集约化、技术创新发展，实现经济效益与生态效益"双赢"。推动海洋产业生态化发展，一方面要在遵循海洋产业发展规律和海洋生态系统承载力限度内的基础上，把海洋产业的经济发展与生态环境保护结合起来，"在既得金山银山的同时，又要保住绿水青山"。另一方面，要加快推进现有海洋产业结构转变与发展动力的转换，关注产业体系内部的协调共生与海洋产业增长韧性的培育，让海洋产业成为充满活力与增长韧性的有机体，推动海洋产业高质量发展。推动海洋产业生态化发展分三步走。

5.1.1 推动海洋产业融合发展

海洋产业融合发展是指在时间上先后产生、结构上处于不同层次的产业在同一个产业、产业链、产业网中相互渗透、相互包含、融合发展的产业形态与经济增长方式，是用无形渗透有形、高端统御低端、先进提升落后、纵向带动横向，使低端产业成为高端产业的组成部分、实现产业升级的知识运营增长方式与发展模式。海洋产业融合发展可以提高产业融合度，提升人力、资本、技术等生产要素的集聚度，促进海洋传统产业改造升级，发展海洋新兴产业，为海洋产业生态化发展打下基础。主要路径和模式如下。

首先，促进海洋产业与陆上产业融合。坚持陆海统筹，推动陆企"出圈""下海"，形成以海带陆、以陆促海、陆海结合的产业格局，实现海陆经济空间联动发展。陆上经济的科研产业化经验，将为海洋产业发展提供宝贵的借鉴。其次，产业融合过程中产生的新技术、新产品、新服务在客观上提高了消费者的需求层次，取代了某些传统的技术、产品或服务，造成这些产业市场需求逐渐萎缩，在整个产业结构中的地位和作用不断下降；同时产业融合催生出的新技术融合更多的传统产业部门，改变着传统产业的生产与服务方式，促使其产品与服务结构的升级，促使市场结构在企业竞争合作关系的变动中不断趋于合理化。再次，技术创新开发出了替代性或关联性的技术、工艺和产品，然后通过渗透扩散融合到其他产业之中，从而改变了原有产业的产品或服务的技术路线，因而改变了原有产业的生产成本函数，从而为产业融合提供了动力；同时，技术创新改变了市场的需求特征，给原有产业的产品带来了新的市场需求。从而为产业融合提供了市场空间。

5.1.2 推动海洋产业集群化发展

通过"建链、强链、延链、补链"，构建完整的海洋循环生态产业链，推动海洋产业集群发展，提升产业整体化、规模化、集约化程度，增加废品资源化、减量化、无害化，提高资源利用率，是海洋产业生态化发展的必经之路；海洋产业在空间上的集聚是海洋产业集群得以形成并发展的前提条件。海洋产业对海洋资源的依赖关系，决定了海洋产业的空间聚集必然受到地理距离、运输成本、要素禀赋、气候条件、港口枢纽等地理要素的影响。而基于海洋产业空间集聚的专业化分工、规模经济、地理邻近等，带来本地市场效应、劳动力池效应、产业关联效应、知识溢出效应等，提高了海洋产业发展的经济、社会和生态效益。

5.1.3 实现海洋产业生态化发展

首先，实现海洋产业结构生态化，包括海洋一二三产业的均衡发展，改造升级传统产业，发展海洋新兴产业，因地制宜合理布局海洋产业空间结构。

其次，海洋产业组织生态化，海洋产业组织生态化以产业集群化演进为牵引，打造海洋产业集群，提高产业融合度，提升人力、资本、技术集聚度，构建海洋循环生态产业链，提升产业整体化、规模化、集约化程度，提高资源利用率，增加废品资源化、减量化、无害化。

再次，海洋产业生产方式生态化，转变粗放式生产为集约式发展，降低资源消耗，减少环境污染，提高资源利用效率；同时，扎实提高海洋环境治理水平，提升海洋环境污染综合治理能力，提高包括工业废水排放达标率、工业污染治理投资额占 GDP 比重、工业固体废物综合利用率等各项指标。

最后，海洋产业技术生态化，用科学技术手段提高海洋产业生产发展的绿色、高效和可持续性，切实把科学技术转化为生产动力，使科技创新成为海洋产业发展的新动能、主要动力和第一动力，提高海洋产业生产效率与生产质量，不断提升海洋产业生态化发展的能力和潜力海洋产业技术生态化。

5.2 海洋资源高质量开发与管控对策

5.2.1 明确海洋资源高质量开发与管控的"三原则"

一是以可持续开发原则确保海洋资源价值的永续发展。

海洋资源是人类赖以生存的重要资源，更是沿海城市的生命线，而海洋资源虽然储量巨大，但并非取之不竭、用之不尽的。因此在珠三角核心区海洋资源开发过程中，必须把开发、保护纳入一个整体同步进行，并根据不同的海域和海洋资源分布情况，划分为重点防护区、重点监督区、重点治理区和重点开发区，分别赋予不同内容，实施全面开发与综合治理的策略，使资源的开发和利用与海域治理融为一体，实现开发与保护的良性循环。在珠三角核心区海洋资源开发过程还要注重协调性，一方面海洋资源的利用应与海洋自然生态系统的健康发展保持协调与和谐，表现为经济发展与环境之间的协调；另一方面，也要保障长远利益与短期利益的协调，不能为了短期利益的极大化而涸泽而渔。另外，也要实现陆地系统与海洋系统以及各种利益之间的协调。只有协调处理好各种关系，才能维护海洋生态系统的健康，保证海洋资源的可持续利用。

二是以高效开发原则推动海洋资源价值的有效实现。

在一定时期内，可供开发的海洋资源总是有限的，不同的开发方式会产生不同的效益与效率。因此，在珠三角核心区海洋资源开发过程中，必须注重科学性，结合海洋资源的特性，充分挖掘和发挥其价值内涵，努力实现海洋资源开发过程中的价值最大化。对于近海地区而言，高效开发海洋资源的一个重要策略是选择好地区的主导产业，特别是要提高各个海洋产业中的科技含量。高效开发有利于维护当代人之间与世代人之间对海洋环境资源选择机会的公平性，通过高效开发，可以减少对其他环境资源产生的削弱或危害，从而增强海洋资源开发的公平性。

三是以良法善治原则确保海洋资源价值保值增值。

人类对海洋资源的强大需求与有限供给之间的矛盾、海洋资源的多用途引发的不同行业之间的竞争以及人类利用海洋资源的观念、方式和方法，都直接关系到海洋资源的价值实现，对这些竞争及相关行为必须以法律的形式加以规范。对于大多数海洋资源而言，其产权归属关系都不是很明确，如海洋渔业资源就是因为权属关系不明晰而造成过度捕捞。因此，加强珠三角核心区海洋资源开发过程中的立法，明晰海洋资源的权属，对于海洋资源价值的保值增值有着十分重要的意义。从国际间的海洋资源开发竞争而言也是如此，围绕着海洋经济资源展开的国际经济博弈日益频繁，在这些博弈中要维护地区性利益的一个根本途径就是加强国际协作，并以国际合约为基础对海洋资源进行有序开发，保障本地区海洋资源价值的开发权益不受损害。

5.2.2 海洋资源高质量开发与管控的战略选择

一是发挥好政府与市场安排的作用。

政府与市场作为资源配置的两种重要方式，在促进海洋经济发展方面各自扮演着重要的角色。不同体制下政府与市场的安排形成了不同的海洋经济发展模式，作为自由放任经济典范，港澳一直秉承"小政府，大市场"的发展模式。与之相反，广东则采取"小市场，大政府"的经济发展模式。前者在海洋经济发展中形成了与市场更为接近的产业形态，主要以航运为主及服务于航运的金融、保险等产业，而后者则形成了以政府为主导的海洋产业形态。不同的政府与市场安排必然会影响珠三角核心区海洋经济的合作机制，因此，就需要依据不同海洋资源的特点，构建适合不同海洋经济形态的合作机制。

二是利用好国内与国际两个市场。

珠三角核心区海洋经济合作是海洋经济开放特征的具体体现，同时其外向性特征也与海洋经济开放特征有着广泛的联系。港澳本身与英系和葡系国家存在着广泛的联系，广东通过与港澳的融合，能够进一步深度融入全球经济。因此，珠三角核心区海洋经济合作既要充分利用珠三角内部合作，建立统一市场，同时牢固树立开放包容、互利共赢的现代海洋发展理念，突出合作优势，创新合作模式，加强粤与港澳、有关国家在海洋资源开发利用、海上互联互通、海洋防灾减灾、海洋科技、海上公共服务等领域的深度合作，以构建"全球海洋开放合作中心"为目标，拓展蓝色经济发展空间，打造我国海洋开放合作前沿高地。

三是实现海洋资源开发的统筹发展。

党的十八大以来，形成了"国内外联动、区域间协同、外部协同与内部协同并重"的统筹协调思想和战略谋局。珠三角核心区是促进粤港澳大湾区和区域经济协调发展的重要一环，也是区域海洋经济发展的典型代表。因此，珠三角核心区海洋资源开发协调发展既要充分发挥粤港澳三地的比较优势，深化海洋领域的分工合作，促进海洋要素自由流动，提高海洋资源的配置效率，实现粤港澳三地平衡发展；又要统筹海岸带、近海与深远海资源的开发与生态环境保护，推动陆海统筹发展，实现海洋社会、生态系统健康发展。

四是追求海洋资源开发与生态保护的协调发展。

海洋生态文明已经成为海洋经济发展的重要内容。党的十九大报告中提出"加快水污染防治，实施流域环境和近岸海域综合治理"，这就要求在发展海洋经济的同时，推动海洋生态环境保护，促进海洋经济绿色可持续发展，这既是海洋经济高质量发展的内在要求，也是新时代海洋经济发展的必由之路。《规划纲要》中提出要"建设生态安全、环境优美、社会安定、文化繁荣的美丽湾区"，就要求在推进海洋经济发展的同时，必须注重生态环境保护，促进经济与生态协调发展，构建和谐的海洋社会生态湾区，实现海洋经济湾区、海洋人文湾区、海洋生态湾区的协调发展。

5.2.3 海洋资源高质量开发与管控的具体对策

一是提高海洋资源意识，维护湾区海洋资源的权益。

珠三角核心区要牢固确立海洋对人类发展起重要基础作用的意识，增强自觉保护海洋环境的意识，从而保持海洋生态系统的正常运转，保证可持续发展战略的实施。要加强宣传教育，使全民了解保护海洋资源和海洋环境的重要意义。在海洋资源的国际竞争中，要以国际条约为基础，切实维护珠三角核心区海洋权益。要从能源储备战略的角度，将近海海域的资源作为能源战略储备，留待日后再开采，通过加大对经济专属区海域的海底油气矿产资源勘探开发投入力度，由近及远，先易后难，优先开发有争议海区资源，加强海岛保护与建设，有重点的开发大陆架和专属经济区，加大国际海底区域的勘探和开发力度，以有效维护国家海洋权益。

二是加强海洋资源开发的规划，提高海洋资源的利用率。

2017年5月印发的《全国海洋经济发展"十三五"规划》，在第五章"加强海洋生态文明建设"中专门提出"集约节约利用海洋资源"，在加强围填海管理、海岸线保护开发及优化利用、无居民海岛管理等方面提出了明确要求。2021年10月印发的《广东海洋经济发展"十四五"规划》，在第六章"推动海洋经济绿色高效发展"中提出了"高水平保护与修复海洋自然资源""高效率利用海洋自然资源"的要求，部署了包括加强海洋资源调查评价与确权登记、推进海洋资源科学配置、集约节约利用海洋资源、促进海洋资源循环利用等重点任务。珠三角核心区要以上述规划要求为基础，结合湾区发展的目标要求及基于陆海统筹的国土空间规划、海岸带综合保护与利用规划等，在对资源、产业现状深入分析的基础上，提出海洋产业发展战略、发展目标、重大项目和政策措施，协调产业关系，实现海洋产业数量扩张、结构转换和水平提高，使资源高效利用、优化配置。

三是增加海洋科技的投入，提升海洋资源的科技含量。

珠三角核心区海洋资源的高效利用，需要提高海洋开发技术水平，一方面，开发技术的提高可以发现更多的海洋资源，增加海洋资源价值存量；另一方面，技术的进步，可以使有限的海洋资源用途扩大、产业链条延伸，从而可以挖掘海洋资源价值的内涵。因此，必须从战略的高度，重视对海洋科技研究，加大对海洋科技研究的投入力度，不断提高海洋资源勘探、开发、加工、储运技术。要在增加对海洋科技投入的基础上采取有力措施，制定能有力推动海洋资源勘探开发的海洋科技政策，建设统一的海洋资源大数据平台。结合海洋经济发展的需要，选择一批关键技术，保证人力与资金投入，实施重点突破，推动海洋科技的快速发展，为海洋开发服务。在增加投入的同时，不能单纯依靠政府，而是要通过政府资金的引导，带动更大规模的社会资金投入其中，以市场力量来促进海洋科技的进步。

四是加强海洋生态保护，促进海洋资源的可持续发展。

不断加强科学研究，特别是海洋地质研究、勘查和开发技术研究以及海洋环境演化与生态系统影响、污染治理方案、灾害防治等研究。海洋生态系统有其特殊性，一旦被污染，治理代价相当大，时间也相当长。因此，珠三角核心区必须保护海洋生态环境，实现资源环境可持续发展。科学规划近海海域环境容量，建立海洋倾废区，实行排海污染物总量控制。遵循"科学、安全、经济"的原则整顿原有的倾废区并重新规划，进一步加强倾废区海域环境容量的研究工作，制定各倾废区污染物总量控制细则；另外，还需加强海洋环境监测，严守海洋生态保护红线，严格监测海岸线动态，严格落实海洋功能区划实行岸线分级分类管理，建立健全海岸线动态监测机制，对珠三角核心区实行全方位、实时、动态、立体化监测，及时掌握废物倾倒后的扩散输移路径及倾废海域的水质环境状况，有效利用海洋环境容量资源，为经济发展服务。

五是健全和完善海洋管理法规体系，保障海洋资源有序开发利用。

海洋资源法律、法规是海洋资源开发管理中最具权威的手段。近20年来，国家先后公布实施了《中华人民共和国海洋环境保护法》等法律、法规20余项，并与时俱进进行了相应的修改与完善，为加强海洋资源开发与综合管理打下了基础。但也应该看到，随着海洋经济的发展，有些法律、法规显得滞后。因此，建立健全的珠三角核心区海洋管理法规体系，从政治的战略高度重新审视海洋立法，加强海洋法律法规建设，推动建立符合珠三角核心区特色，实现粤港澳三地共赢的海洋法律法规体系，以满足海洋经济发展和海洋开发利用中的实际需要，使海洋资源有序开展利用。首先要通过珠三角核心区合作平台，推动海洋资源的法规建设，如推动珠三角核心区的《海洋资源开发管理办法》，并协调各相关法律、法规之间的关系。同时，还要加快与国际海洋法律规则相衔接，扩大海洋立法方面的国际合作与交流。

5.3 生态产业化促进美丽核心区建设对策

5.3.1 深度推进珠三角核心区海洋生态文明建设

践行中央提出的生态文明建设，持续推进海洋生态文明建设。在海洋生态工业化发展过程中，尤其注意工业园区的规划环境影响，优化湾区生态环境，推动海洋经济绿色发展。一是打造美丽海湾示范区。把海洋生态文明建设示范区作为海洋生态修复的重要抓手，构筑"河口－海岸－海水－重要生态区－海岛"的海洋生态保护体系；强化海洋自然保护地的保护与修复，创新无居民海岛的保护和管理的模式，生态化开发海岛资源。二是支持重要海洋生态功能区域发展循环经济。对重要的海洋旅游生态功能区，推行清洁生产方式，积极开发利用太阳能、风能、潮汐能等生态环保新能源，发展循环经济。三是大力发展海洋生态工业。以各类"生态产业园""低碳产业园""循环经济园区"等为依托，培育一批科技含量高、经济效益好、资源消耗低、环境污染少的优势产业、优势企业和优势产品，培育壮大节能环保产业、清洁生产产业、清洁能源产业。以更高标准、更好技术解决废气处理、污水处理、土壤保护等问题，建设"无废城市""无废湾区"。

5.3.2 优化发展可持续的海洋渔业模式

重点关注渔业发展的可持续性，以资源保护性开发为基础，以科技进步和生态环保为依托，以环保消费市场为导向，实现海洋渔业资源和生产要素的合理配置，建立起海洋资源保护及生态渔业可持续发展体系。一是积极发展海洋生态农业。扩大无公害农产品、绿色食品和有机食品生产基地规模；发展海洋生态渔业等无公害和清洁生产技术，优化、改造滩涂和近海养殖业；发展海洋农牧化技术，修复保护并合理利用近海渔业资源；发展深水养殖技术，开发专属经济区和南海养殖资源。二是发展远洋渔业和滨海休闲渔业。以培育龙头企业为重点，构建完备的远洋捕捞、加工和综合利用及贮运的产业链条，推广节能远洋渔船，发展高产低耗的海洋捕捞作业方式；在海洋渔业发展的基础上同步发展滨海休闲渔业，带动休闲旅游等产业链上下游融合发展。三是发展现代化海洋牧场。积极探索海洋牧场建设新技术、新模式，聚焦海洋牧场经济动植物原种保护与利用、渔业资源数字化管理、环境安全自动化保障、渔业产品高效清洁生产与质量控制等重大技术瓶颈，为现代化海洋牧场建设提供技术支持。

5.3.3　积极发展可持续的生态旅游模式

滨海旅游产业是助推海洋生态产业发展的重要环节。该模式利用海洋特色环境开展生态旅游活动，具有保护自然环境和维护当地人民生活双重收益。一是融合生态旅游新业态。大力发展海上观光、邮轮游艇、海洋运动、海岛度假养生等新业态，释放滨海旅游业的潜能；充分利用好海洋资源，融合海上垂钓、漂流、探险、潜水、冲浪、品尝海鲜、观赏自然风光和人文景观、参与海上作业以及海洋探秘等，共同打造好生态型海洋景区，积极发展生态旅游业。二是培育核心生态产品。在维护海洋生态系统安全的前提下，科学设计符合本地区自然环境的旅游基础设施和景观，评估与确定合理的环境承载量，严格依据环境承载量来控制海洋生态旅游活动的规模、强度和范围，在文化创意上多下功夫，提供结构化、生态型、多种类适合不同人群需求的旅游景观，为消费者提供更多优质、生态、休闲的旅游产品。三是提升景区生态化水平。摒弃"泛生态旅游"的发展模式，积极促进生态资源保护前提下的生态产业化发展，结合海域海岛本身的经济和资源状况，对旅游景区进行绿色管理，考虑建立针对旅游企业、游客、景区各主体一体化的生态旅游激励制度，以强化各主体的生态行为。

5.3.4　大力发展新兴海洋生态产业模式

　　针对以海洋生物医药业、海洋新能源、海水淡化等为代表的海洋生态工业化存在的技术条件相对滞后、高端业态较少等问题，应该充分激活海洋生产要素，大力培育和支持新兴海洋生态产业，打造海洋经济新增长点。在海洋生物医药方面，着力发展海洋生物医药产品，延伸至海洋功能食品、海洋药物、海洋保健品、海洋化妆品、海洋新材料、海藻肥等产业。持续深化海洋药物、海洋化工、海洋功能食品等领域的创新合作，引导、拉动民间资金投入到海洋生物技术产业中，有效地组织重大开发项目的科技攻关和协同作战，加速海洋科技成果商品化和海洋生物经济的产业化。在海洋清洁能源的开发与利用方面，协调海上风电开发与生态环境保护间的关系，在方案优选上兼顾发电效益和集约用海，采取多种海洋环境监测和保护措施，尽可能降低海洋生物资源的影响。通过探测适宜开发利用的潮汐能等海洋能源，规划选址建设海洋能开发利用项目，实现生态保护和经济效益的双赢。在蓝碳产业方面，健全蓝碳产品价值实现的体制机制，逐步发展蓝碳交易。建立蓝碳产业全链条模式，推动蓝碳产品价值实现；开展蓝碳交易试点，完善蓝碳产品市场定价方法；畅通蓝碳发展的绿色金融渠道，开展蓝碳产品抵押融资等业务，有序发展相关金融产品[91]。

5.4　多层次金融支持海洋产业发展对策

　　珠三角核心区海洋经济发展，离不开金融服务的鼎力支持。但我国的海洋金融体系与其他发达国家的差距较为明显，考虑到珠三角核心区独特的地理区位、行政管理现状和海洋经济基础、海洋资源禀赋等条件，为更好地提升珠三角核心区的金融服务，促进海洋经济的高质量发展，建议根据如下政策导向推进相关工作。

5.4.1 构建良好的金融服务总体环境

我国的产业发展格局是一个自上而下的过程，政府在产业的发展过程中起到了核心作用。而以伦敦的海洋金融发展为例，由于伦敦的海洋金融发展依靠的是需求，所以伦敦的产业政策是一个自下而上的发展模式，这种模式能很好地反映产业的真实需求，在海洋金融发展过程中，政府起到的是解决问题的作用，这种有效的问题处置机制，与我国现行的政策框架相比能更好地激励产业的市场化发展。完善的金融服务产业链的构建要从产业的实际需求出发，为解决企业发展过程中存在的实际问题而进行市场调控，因此，可以加强政府与企业之间的沟通协作，根据企业需求提供对应的服务[92]。从税收的角度来说，对于在珠三角核心区内发展的企业，中央政府或地方政府在现有的优惠政策上，可以再出台一些适合不同种类企业发展的税收政策，通过降低税率的方式，扶持海洋企业的发展，加大对人才的吸引力，同时鼓励更多的高校科研成果进入市场，转换成高新技术投入到企业的发展中。在信贷政策方面，可以通过对工程技术和设备的出口，提供信贷再担保服务，从而增加企业的研发资金，同时可以通过私募基金等方式，增加科研经费，成立一个独立的部门或机构，对海洋科技创新的资金进行监管与运用。

同时，为创造良好的外部环境和便利的公共机制，加强海洋企业之间的联系，地方政府要加强道路交通网络、基础设施的建设工作，为海洋企业创造便利的工作条件[93]。完善政府与企业的沟通协商机制，形成一个知识驱动与市场导向相结合的海洋产业配套机制，加强国际合作，珠三角核心区扮演好"一带一路"重要节点的角色，政府积极引导，加强科技研发支持力度，发展优势产业，引导完善配套服务业，形成适合地域发展的金融产业链，以市场运作机制为海洋金融产业发展的内在动力，构建完善的海洋金融发展的制度框架。

对于未来珠三角核心区海洋金融产业的发展，首先要明确政府在产业发展中的主要任务是找准产业链的定位；同时，政府要起到一个引导作用，整合各方资源，通过政策、市场调控等手段，调动市场多元主体的积极性。需求创造供给，因此产业集群的建设是发展海洋金融过程中的关键一环。而良好的市场化运作模式是发挥地域优势的基础，科技创新、产品研发和教育培训是发展高端海洋设备制造业和服务业的基础。完善健全的风险管理和金融监管体系的构建，在促进海洋金融发展的同时，能有效地减少金融风险。

5.4.2　加大财政资金支持海洋经济发展

首先，建议广东省在已有的省级促进经济高质量发展专项资金（海洋战略新兴产业、海洋公共服务）的基础上，增设省级促进经济高质量发展专项资金（海洋传统产业转型升级），进一步加大专项资金额度。其次，广东省财政支持珠三角核心区各城市积极设立各自的海洋产业创业投资基金，以贴息、无偿资助、资本金投入等方式支持，并引导社会资金投入。再次，广东省财政支持珠三角核心区各城市积极设立海洋产业投资基金集群，目标是构建珠三角核心区千亿海洋产业基金集群，构建"产业引导基金＋社会资金参与＋多层次资本市场"的金融服务体系，协助赋能海洋经济高质量发展。产业基金重点培育六大海洋战略性新兴产业以及海洋传统产业转型升级领域内科技含量较高、成长性较好的企业，通过集群基金利用珠三角核心区海洋科技资源，进一步引入产业资本等其他生产要素，提高海洋科技成果转化效率和效益，形成成熟的"科研＋资本＋产业"产融发展新模式，协同海洋战略性新兴企业融资、培育海洋战略性新兴企业上市、助推海洋战略性新兴产业发展。同时，对海洋传统产业，利用资本力量，加大并购整合力度，提升行业集中度，优化调整产能结构，加快实现海洋产业新旧动能转化进程。

5.4.3　打造多元融资的金融支持体系

融资性的金融支持体系建设需要通过对银行、非银行机构、投资基金、个体投资人、资本市场等方面进行建设，通过市场化的资本形成模式，不断拓宽融资资金的来源，提高资本形成的效率，才能更好地将创新科技市场化，提升企业的竞争力，不断激励企业的创新能力。从世界一流湾区及其他发达国家的海洋金融体系构架的历史特点来看[94]，海洋经济一般都经历了港口经济－工业经济－服务经济－创新经济的升级之路，而在这个过程当中，单一的融资模式无法更好地满足产业的转型和发展，只有不断完善资本市场，拓宽资本市场的深度和广度，才能坚持创新驱动，更好地提升高质量的发展。广东省的融资体制更多的偏向于"银行主导型"的间接投资模式，而根据其他地区的经验来看，多渠道的融资模式，特别是快速发展的直接融资模式，能有效地降低杠杆水平，减少金融风险[95, 96]。

经济发达地区的一个重要标志是拥有以交易所、具有世界级影响力的银行等金融机构为核心的多元融资市场，通过集聚金融资源，不断调控和完善市场机制，进一步推动经济的发展。金融机构，特别是交易所对湾区整体的崛起起到了关键性作用。以纽约湾区为例，纽约交易所极大地满足了美国经济发展过程中所需要的巨大融资需求，为高新技术的发展、企业的快速成长提供了源源不断的资金支持。此外，证券交易中心还能汇聚大量的上市公司、金融机构，能有效地提升区域的金融竞争力。珠三角核心区内的深交所和设立在香港的港交所，很好地承担了这一职能。

5.4.4　优化银行信贷投放力度和结构

首先，建议广东省支持建立珠三角区域的海洋政策性银行，专门对海洋产业整个产业链发展提供全方位、立体化的金融服务。通过设立海洋经济信贷专项资金或者海洋经济中小企业信贷专项资金等形式对海洋战略性新兴产业、海洋传统产业转型升级重大项目、产业链企业、渔民等不同主体，给予针对性支持，加大对海洋经济中小企业和渔民的支持力度，优化信贷结构，推动海洋经济高质量发展。

其次，鼓励更多的商业性银行设立海洋经济金融服务事业部，根据珠三角核心区各地市海洋经济实际发展情况，加大贷款审批额度，加快贷款审批速度，鼓励商业银行各地市分行对海洋战略新兴产业的信贷资金支持，加大对规模化、标准化深远海养殖及远洋渔业企业、水产品精深加工和冷链物流企业的信贷支持力度，特别是对传统海洋产业中谋求转型升级、向低污染、低能耗转型的绿色海洋企业加大信贷的支撑力度，积极开发适合滨海旅游、海洋交通运输业、港口物流园区等特点的金融产品和服务模式，支持传统海洋产业向绿色环保海洋产业转型升级，促进绿色航运、深远海养殖和捕捞、绿色海洋旅游等产业能够得到合理健康的发展[97]。有序推动民营银行常态化发展，提升对珠三角核心区涉海小微企业的金融服务能力。对协作紧密的海洋产业核心企业和配套中小企业，积极开展产业链融资。积极稳妥推广渔民"自助可循环"授信模式。

再次，鼓励银行业通过不断创新信贷方式，灵活使用浮动利率贷款，充分考虑海洋产业中涉海企业的经营规模与风险程度，针对不同的涉海企业及开发项目提供不同利率的差异化贷款，允许贷款利率在一定范围内浮动。在贷款期限内，银行应实时追踪企业的经营与现金流情况，对于经营与还款状况良好的企业，可以在贷款期限内调节利率水平，降低剩余期限内的贷款利率。对于信用良好的海洋经济相关企业，可在下一个贷款期限内根据其以往信用情况提供优惠利率贷款。此外，鼓励银行业金融机构按照风险可控、商业可持续原则，健全海洋产业发展的信贷审核和担保机制，尝试扩大抵押物范围，鼓励海洋产业开展产权抵押、海域或无居民海岛使用权抵押、海洋专利技术抵押等方式金融融资，积极稳妥地推动在建船舶、远洋船舶抵押贷款，推广渔船抵押贷款，发展出口退税托管账户、水产品仓单、排污权、应收账款及码头等涉海资产抵质押贷款业务。银行业金融机构应将涉海企业第一还款来源作为信贷审批的主要依据。加强押品管理，合理确定抵质押率，确保押品登记的有效性，强化贷后管理和检查，切实防控化解海洋领域信贷风险。银行业金融机构要加强涉海企业环境和社会风险审查，建立完善管理制度和流程，坚持执行"环保一票否决制"，加强涉海企业在环保等方面实质合规的审查。对涉及重大环境社会风险的授信，依法依规披露相关信息。

最后，由于船舶制造、港口码头等航运交通基础设施、海洋牧场、滨海旅游转型升级等需要巨大的资金，并且回收周期长。单独一家银行不仅贷款能力有限，而且会面临较大风险，银行不愿独自承担，因此，根据海洋经济发展的重点项目繁多、融资难度大、风险大等特点，积极鼓励政策性金融机构与商业性金融机构加强合作，分散投资减少融资风险，采取银团贷款、组合贷款、联合授信等模式，支持海洋渔业基础设施建设、海洋交通基础建设和传统海洋产业的重大项目，从而不断降低风险，实现互利互惠。

5.4.5　加大海洋领域股权债券融资力度

股权融资方面，积极支持符合条件的优质、成熟涉海企业在主板、创业板、中小板市场上市。探索建立海洋部门与证券监管部门的项目信息合作机制，加强中小涉海企业的培育、筛选和储备。

债券融资方面，支持成熟期优质涉海企业发行企业债、公司债、非金融企业债务融资工具。鼓励中小涉海企业发行中小企业集合票据、集合债券，支持符合条件的涉海企业发行"双创"专项债务融资工具和创新创业公司债券。对运作成熟、现金流稳定的海洋项目，探索发行资产支持证券。加大绿色债券的推广运用，以可持续发展为核心理论，以绿色债券规则经验作为制度参考，在绿色债券市场基础上逐步推动探索发展蓝色债券。广东省应加强政策引导，参考绿色债券标准推进蓝色债券标准制定。蓝色债券应通过独立的第三方机构等对海洋可持续发展水平进行信用评级，量化海洋生态环境对信用等级的影响。然后，政府制定出《蓝色产业指导目录》，在审批方式、政府补贴、资金使用等方面参考绿色债券的规则增加对蓝色产业的支持力度。在审批方面，推动"加快和简化审核类"债券审核程序，上交所和深交所均开通针对蓝色债券的绿色通道；在政府补贴方面，制定对成功发行的绿色债券的企业实行优惠补贴。在资金自由方面，探索进一步提高涉海绿色企业将募集资金补充营运的占比。在广州建设蓝色金融改革创新试验区，研究推出海洋巨灾债券。

5.4.6　大力创新海洋保险产品种类

广东省主导制定海洋保险服务政策，鼓励保险公司多样化发展海洋保险经营模式与产品，加快海洋环境责任保险的开发，促进珠三角核心区海洋经济向绿色环保低碳的高质量发展。首先，加快建设更多的总部位于珠三角核心区的专业海洋保险公司，重点支持在广州南沙申报设立航运专业保险公司、航运专业自保公司，探索设立航运保险协会、珠三角核心区统一的航运交易所，推动保险资源、平台向珠三角核心区聚集，同时，鼓励已有保险公司设立"海洋保险部"，并对涉及海洋保险业务的保险公司加大财政补贴力度，特别是海洋渔业保险的补贴力度；其次，规范发展渔船、渔工等渔业互助保险，积极探索将海水养殖等纳入互保范畴，考虑提供适当的税收优惠、保费补贴、再保险机制等配套措施，鼓励多家保险公司互助合作共同承担传统海洋产业转型升级项目，通过风险分担、利润共享的制度设计，同时规范发展各类互助保险，为海洋行业提供风险保障和对各自涉海保险公司的风险分散，提高珠三角核心区海洋产业保险覆盖率。加快推进深圳保险创新发展试验区建设，支持在前海开展再保险产品和制度创新，创新发展航运保险、海洋物流保险、船舶强制保险、船舶责任保险、船舶融资租赁保险、海洋渔业基础设施保险、海洋水产品运输保险、仓储险、保赔险、海洋巨灾保险、海洋环境责任、滨海旅游特色险、邮轮游艇保险、涉海企业贷款保证保险等业务。进一步扩大出口信用保险覆盖范围，升级设计各种创新型海洋保险产品的条款和制度设计，提高海洋保险的费率、理赔条件和承保范围，提高业务效率并增加海洋保险产品的供给；再次，应充分发挥香港海洋金融的标杆作用，争取广州、深圳在海洋金融领域享受等同于上海的税收优惠政策，整体降低珠三角核心区海洋金融成本。大力推进粤港澳海洋保险深度合作，引导保险资金参与珠三角核心区海洋产业发展。推动设立珠三角核心区保险投资基金，并下设传统海洋产业发展专项子资金，专门投资建设珠三角核心区内港口码头、渔业码头等基础设施以及绿色休闲渔业、低碳滨海旅游、航运管理与交易等产业。鼓励保险公司设立专业保险资产管理机构，利用保险资金设立海洋产业投资基金，鼓励中国保险投资基金加大对传统海洋产业转型升级重大项目和工程的投资力度；最后，探索研究在珠三角核心区内实现航运等海洋保险数据共享，探索粤港澳三地保险公司在珠三角核心区通过共保等方式进行合作，并鼓励保险公司与香港的保险人加强境外业务合作，推动珠三角核心区海洋经济的发展。

5.4.7 完善现代海洋金融服务体系

广东省应加强指导珠三角核心区金融机构改进完善海洋经济发展金融服务，携手港澳建设国际海洋金融枢纽。以"互联网＋海洋金融"新业态为支点，加快海洋金融平台的建设、提升海洋金融服务效率与服务水平。加快建设广州国际海洋金融城，支持广州建设区域性海洋私募股权交易市场和涉海产权区域交易中心，建立健全以互联网为基础、全国集中统一的海洋产权抵质押登记制度，建立统一的涉海产权评估标准，规范海洋产权挂牌交易行为。推动深圳依规发展以深圳证券交易所为核心的资本市场，推进深圳海洋科技金融中心建设。加大对深圳海洋经济发展示范区建设的支持力度，探索以海洋金融科技支持蓝色经济发展为主题的金融改革创新，建设科技创新金融支持平台。鼓励符合条件的海洋经济创新创业企业在银行间市场发行超短期融资券、中期票据、项目收益债等进行直接融资。推进澳门—珠海跨境海洋金融深度合作，研究探索建设澳门—珠海跨境海洋金融合作示范区。支持珠三角核心区设立海洋创投风投机构，推动设立珠三角核心区海洋科研成果转化联合母基金。依托区域股权市场，建设海洋科技创新金融支持平台。

建立集港口、航运、物流、金融、中介服务于一体的珠三角核心区国际航运信息系统，推动航运金融发展，创新涉海套期保值金融工具，形成优势互补、互惠共赢的港口航运物流设施和航运金融服务体系，强化香港作为国际航运中心和金融中心优势，提升广州、深圳国际航运金融综合服务功能，加快推进珠江口东西两岸港口资源优化整合；进一步完善海洋金融中介服务体系，充分发挥会计、法律咨询、财务信息等中介服务对海洋产业投融资活动的支持。建立出口担保公司和再担保公司，创新金融机构与担保机构合作模式，建立利益共享、风险共享、信息共享的合作机制，鼓励融资担保机构按规定开展海洋产业相关业务，加强金融、产业等政策协调配合。

鼓励珠三角核心区的银行业金融机构加强金融支持海洋经济发展的统计监测和效果评估，推进海域动态监控系统、海洋环境在线监测系统、海洋预警报系统的专业化建设，发展海洋大数据服务，粤港澳三地联合构建海洋数据交流平台。加强政府、企业、金融机构信息共享，搭建海洋产业投融资公共服务平台。建立优质项目数据库，鼓励金融机构积极采选入库并获得海洋行政主管部门推荐的优质项目。

支持涉海企业在全口径跨境融资宏观审慎管理框架下进行跨境融资。

加快在珠三角核心区港口基础设施建设、渔港建设、低碳滨海旅游等领域规范推广政府和社会资本合作模式。鼓励金融机构在依法合规、风险可控的前提下，运用投贷联动模式支持涉海科技型中小企业；积极引入创业投资基金、私募股权基金。发展壮大中国海洋发展基金，积极发挥基金会在支持海洋经济发展方面的作用，带动海洋经济高质量发展。

5.4.8　强化金融体系中的风险控制

海洋经济发展过程中主要面临的风险包括自然环境带来的海洋产业经营风险和海洋产业自身的投资收益不平衡的问题。积极发展保险行业、担保行业，根据地域特色，建立符合实际情况的创新产品，是推动金融支持体系发展的重要手段。中国海洋金融整体处于一个发展阶段，对风险的认识和处置手段相对较为薄弱。完备的风险控制能力，能有效地应对海洋产业的循环周期，减少由于环境问题带来的金融损失或是较少投资者的创新积极性。从融资环境上来说，特别是对于中小企业，完善的风险控制机制，能提升中小企业的信用能力，结合对应的激励政策，能提升中小企业融资的成功率，明确担保机制，完善对应的法律法规政策，保障融资各利益主体间的基本利益，提升金融机构向企业贷款的意愿。为中小企业的科技创新发展提供基本的资金保障支持。

6 珠三角核心区海洋经济高质量发展综合评价

6.1 指标体系构建

6.1.1 主要构建原则

基于对珠三角核心区海洋经济高质量发展内涵的理解，本小节研究构建珠三角核心区海洋经济高质量发展的指标体系。根据常用的指标体系构建工作经验，指标体系构建应遵循以下原则。

一是科学性。指标体系的科学性是评价珠三角核心区海洋经济高质量发展水平的根本保障。海洋经济体系是一个复杂、多元的结构体系，具有显著的海洋经济活动关联性和整体性。珠三角核心区海洋经济高质量发展水平指标体系应由不同层级的指标构成，应选择那些符合实际中珠三角核心区海洋经济高质量发展的经济、自然和社会等规律，又能客观地反映珠三角核心区海洋经济高质量发展特征的监测指标。同时，各子层级指标要形成有序、严谨的逻辑关系。

二是导向性。指标体系的导向性是指要突出海洋经济高质量发展水平的珠三角核心区特色。目前，全国各沿海省（区、市）均处于构建海洋经济高质量发展指标体系的探索研究阶段，尚未形成成熟的地区指标体系。构建珠三角核心区海洋经济高质量发展指标体系，旨在充分体现珠三角核心区海洋经济运行现状和特点，突出珠三角核心区在海洋经济高质量发展关键时期的定位和方向，为海洋经济行政主管部门及时掌握珠三角核心区海洋经济发展趋势提供依据。

三是可操作性。鉴于经济发展的长期性，指标体系应保证有可靠、稳定的数据来源，所以指标体系的可操作性是开展珠三角核心区海洋经济高质量发展水平评价的重要基础条件。但目前，各地级市的海洋经济数据尚未有统一的核算标准，地市海洋经济数据获取存在一定的困难。因此，本研究综合考虑与现行统计制度和部门统计制度相衔接，充分利用统计渠道和统计信息，尽量选取相对成熟且易获取的各类公开指标，以及能够通过与相关部门共享数据而获取的指标，力求以最经济的方法获取最有效的指标数据。

6.1.2 指标设计考虑因素

针对珠三角核心区海洋经济高质量发展评价的指标选取，目前仍处于探索研究阶段，尚未达成统一的标准。理论上来说，若指标体系中所选取的指标越细，则越能够精准地评估研究对象，但在实际工作中则不一定遵循甚至无法遵循这一规则。因为指标过于繁多、体系过于庞大的指标体系有时候无法完整地获取关键数据，尤其是对粤港澳三地统计标准存在差异的现实，某些特殊指标的加总也不能反映珠三角核心区海洋经济发展的全貌。因此，应当结合珠三角核心区的实际情况，基于以上3个主要原则，选取具有最小信息完备集的指标体系。

根据上述对海洋经济高质量发展的趋势特征和湾区海洋经济高质量发展的内涵分析，结合国际竞争力理论、可持续发展理论等理论，在综合考虑《海洋及相关产业分类》《海洋生产总结核算技术指南》《海洋生产总值核算制度》和《海洋统计报表制度》等我国海洋经济现有统计制度中的经济指标基础上，通过主客观筛选，选择具有代表意义的珠三角核心区海洋经济高质量发展评价指标纳入指标体系之中。对所选指标进行筛选和层次划分，综合评价法是指标体系选取最基本的工作方法，最终初步建立珠三角核心区海洋经济高质量发展评价的指标体系。

6.1.3 指标体系的基本框架

珠三角核心区海洋经济高质量发展指标体系的构建是建立在珠三角核心区海洋经济高质量发展概念基础之上，是对珠三角核心区海洋经济高质量发展五方面内涵的深化，是未来珠三角核心区海洋经济高质量发展水平演变趋势的重要参考。基于珠三角核心区海洋经济高质量发展的最终目标为实现海洋资源利用效率提高、经济结构得到优化、科技创新能力显著提高、开放水平进一步提升、生态环境得到改善 5 个方面，因此，本研究围绕如下 5 个方面构建了珠三角核心区海洋经济高质量发展的指标体系。

一是资源效率。传统海洋产业，如海洋渔业、海洋交通运输等多是依赖于岸线、海域面积、能源消耗等海洋自身要素禀赋发展的。另外，资金也是海洋经济发展的重要支撑资源之一。如何高效利用资源，不仅仅是对传统资源要素的利用，也包含了对资金利用的效率。资源作为经济发展的基础，对资源的高效利用是珠三角核心区海洋经济高质量发展的基础。基于此，本文选取具有代表性的每平方千米海域面积所承载的人口、单位岸线产值、单位 GDP 电力消耗量、年末金融机构存贷比 4 个指标来衡量资源效率。

二是经济发展。结构优化升级是推动海洋产业高水平聚集发展的必要手段。经济结构多用三次产业的增加值比重来表示，如果是单一指标则一般用第三产业增加值比重来衡量。产业结构的状态在一定程度上代表了经济发展所处的阶段。衡量产业结构的发展方向一般分为产业结构的高级化和合理化。广东省目前正在着力推动海洋六大产业发展，因此，以六大产业的具体经济指标来衡量是较为可行的办法。此外，宏观经济的发展与地方政府财政支出是分不开的，与地方企业的发展也是密切相关的。基于此，本文选取海洋六大产业营业或销售收入、第三产业增加值比重、财政支出贡献率、涉海企业相对占比来衡量经济发展。

三是科技创新。新一轮科技革命和产业变革对全球经济结构产生了深刻的影响。科技创新是珠三角核心区海洋经济高质量发展的核心驱动力。目前，珠三角核心区海洋科技基础雄厚，将科技创新的有关指标纳入构建海洋经济高质量发展的指标体系，是经济高质量发展的内在要求。从研发投入与产出的视角出发，研发经费投入、平均每家县级及以上政府部门所属研究与开发机构科技活动人员是有效增强海洋科技创新能力的关键，高技术制造业增加值、涉海专利申请量是衡量海洋科技创新产出的关键指标。基于此，本文选取研发投入强度、涉海专利申请量比重、高技术制造业增加值占规模以上工业增加值比重、平均每家县级及以上政府部门属研究与开发机构的科技活动人员数量来衡量科技创新能力。

四是开放水平。作为国家对外开放的门户和"一带一路"重要的海上支点，珠三角核心区高度重视海洋经济对外开放水平的提升。珠三角核心区内的广深港澳等几大核心城市无不具备辐射全球的经济影响力。因此，将代表对外开放水平的港口吞吐量、进出口贸易总额、入境旅游接待游客人数等常规指标纳入指标体系之中。

五是绿色生态。良好的海洋生态环境是海洋资源可持续利用的前提，也是海洋经济赖以高质量发展的基础条件。实现海洋经济高质量发展不能按照以前粗犷式的发展方式，而是要实现集约化发展。珠三角核心区内人口密集、产业集聚、陆源污染物排放量大，生态系统脆弱，海洋生态环境问题异常突出。因此，必须坚持贯彻新发展理念，促进海洋经济绿色发展。工业废水排放率、污水处理厂集中处理率分别从生产和生活两个角度衡量了对于污染物的处理能力，工业废水排放率反映陆地经济活动对海洋生态环境的污染压力，污水处理场集中处理率反映人类为治理环境污染所做出的努力和成果，而生态修复岸线长度占全市岸线的比率则更加直观地衡量了绿色发展的结果。

从珠三角核心区海洋经济高质量发展的内涵来看，珠三角核心区海洋经济高质量发展是积极推动"构建海洋命运共同体"理念的综合体现，是兼顾海洋资源效率、经济发展、科技创新、开放水平及绿色生态5个方面的统筹协调发展。因此，本研究以科学性、导向性和可操作性为原则，将珠三角核心区海洋经济高质量发展指标体系设定为三级指标，其中，珠三角核心区海洋经济高质量发展为目标层，资源效率、经济发展、科技创新、开放水平、绿色生态等5个方面为指标层，每个方面的指标层包含若干要素组成的要素层，具体要素层指标及其计算方法见表6.1-1。

表 6.1–1　珠三角核心区海洋经济高质量发展评价指标体系

目标层	指标层	要素层	指标计算（单位）	指标类型
珠三角核心区海洋经济高质量发展	资源效率	每平方千米海域面积所承载的人口 X_1	常住人口/海域面积（人数/平方千米）	+
		单位岸线产值 X_2	产业增加值/大陆海岸线长度（万元/千米）	+
		单位 GDP 电力消耗量 X_3	电力消耗量/GDP［（千瓦·时）/万元］	–
		年末金融金融机构存贷比 X_4	年末金融机构存款余额/年末金融机构贷款余额（比值）	+
	经济发展	海洋六大产业销售或营业收入 X_5	直接获取指标（亿元）	+
		第三产业增加值比重 X_6	第三产业增加值/地区生产总值（%）	+
		财政支出贡献率 X_7	财政支出/GDP（%）	+
		涉海企业相对占比 X_8	全国第一次海洋经济调查企业数量/最大企业数量（%）	+
	科技创新	涉海专利申请量比重 X_9	涉海专利申请数量/国内三种专利申请数量（%）	+
		研发经费投入强度 X_{10}	研发经费支出/GDP（%）	+
		高技术制造业增加值占规模以上工业增加值比重 X_{11}	高技术制造业增加值/规模以上工业增加值（%）	+
		平均每家县级及以上政府部门所属研究与开发机构科技活动人员 X_{12}	县级及以上政府部门所属研究与开发机构科技活动人员/数量（人/家）	+
	开放水平	港口标准集装箱吞吐量 X_{13}	直接获取指标（万 TEU）	+
		进出口强度 X_{14}	进出口总额/地区生产总值（%）	+
		入境旅游接待能力 X_{15}	接待入境游客人数/地区人口总数（%）	+
	绿色生态	工业废水排放率 X_{16}	工业废水排放量/废水排放总量（%）	–
		污水处理场集中处理率 X_{17}	直接获取指标（%）	+
		生态修复岸线长度占全市岸线的比率 X_{18}	生态修复岸线长度/全市岸线的比率（%）	+

注："+"表示该指标为正向指标，"–"表示指标为负向指标。

6.2 发展指数计算方法

由于海洋生态环境和海洋资源中较多指标统计数据存在较长的时滞性，且相关地级市数据的缺乏，给珠三角核心区海洋经济高质量发展评价研究带来了瓶颈。由此，基于本研究数据的可获得性以及数据本身的特性，为了避免确定指标权重的主观性，同时考虑样本数量特点，本研究选择综合评价方法中的熵值法计算珠三角核心区海洋经济高质量发展指数。具体计算步骤如下。

数据标准化处理：指标有正向指标和负向指标之分，正向指标数值越高越好，负向指标数值越低越好。对于不同方向的指标用不同的算法进行数据标准化处理。具体计算方法如下：

对于正向指标，标准化处理公式为

$$z_{ij} = \frac{x_{ij} - \min(x_j)}{\max(x_j) - \min(x_j)}$$

对于负向指标，标准化处理公式为

$$z_{ij} = \frac{\max(x_j) - x_{ij}}{\max(x_j) - \min(x_j)}$$

式中，z_{ij} 为标准化后第 i 个样本的第 j 个指标的数值，$i = 1, 2, \cdots, m$，$j = 1, 2, \cdots, n$（下同）。

计算第 j 个指标下第 i 个样本占该指标的比重，公式为

$$p_{ij} = \frac{z_{ij}}{\sum_{i=1}^{m} z_{ij}}$$

计算第 j 个指标的信息熵值，公式为

$$e_j = -k \sum_{i=1}^{m} p_{ij} \ln(p_{ij})$$

式中，$k > 0$，$\ln$ 为自然对数，$e_j > 0$。式中常数 k 与样本 m 有关（$m = 11$），一般 $k = \frac{1}{\ln(m)}$，$0 \leqslant e \leqslant 1$。

计算第 j 个指标的信息效用值，公式为

$$d_j = 1 - e_j$$

计算各项指标的熵权，公式为

$$w_j = \frac{d_j}{\sum_{j=1}^{n} d_j}$$

式中，w_j 为第 j 项指标的熵权，且 $\sum_{j=1}^{n} w_j = 1$。

计算综合得分，即海洋经济高质量发展指数，见

$$U = \sum_{j=1}^{n} w_j z_{ij}$$

需要说明的是，海洋经济高质量发展指数的数值为 0 ~ 1。指数越大，表示高质量发展水平越高；反之，高质量发展水平则越低。

6.3 珠三角核心区海洋经济高质量发展指数实证分析

6.3.1 变量选取及数据来源

本节搜集 2019 年珠三角核心区 9 个城市的数据，即广州、深圳、珠海、佛山、中山、东莞、惠州、江门和肇庆。另外，为加强珠三角核心区与港澳的关联研究，本节还搜集了香港和澳门的数据。如若有些 2019 年的数据尚未公布，则用 2018 年的数据进行替代。报告前述有关研究成果提供了本节实证分析的理论基础及数据方法。

数据来源：本文评价指标体系所用的原始数据来源于"2020 年广东海洋经济发展报告""2019 年澳门环境报告"和"2019 年香港空气质量报告"等；2019 年广东省统计年鉴及珠三角各市统计年鉴、2019 年香港统计年刊、2019 年澳门统计年鉴、2019 年港口统计年鉴；2019 年广东省生态环境状况公报、2019 年广东省水资源统计公报、2019 年佛山市水资源公报、2019 年肇庆市水资源公报、2018 年城市统计年鉴；第一次全国海洋经济调查数据；其他数据来自各相关行政主管部或研究机构。此外，涉海专利

申请数量数据来源于 Patentics 平台系统的中国发明实用（包括发明专利和新型实用专利）和外观设计两个专利数据库。根据所搜集到的基础数据进行初步处理后的各要素层指标数据如表 6.3–1 所示。

表 6.3–1　珠三角核心区海洋经济高质量发展指标数据

指标	广州	深圳	珠海	佛山	惠州	东莞	中山	江门	肇庆	香港	澳门
X_1	0.26	0.85	29.90	0.06	9.26	0.10	0.52	6.23	0.35	2.20	1.25
X_2	112.57	103.37	15.30	12.44	14.85	84.51	54.41	7.59	3.25	79.60	56.67
X_3	0.04	0.04	0.06	0.07	0.10	0.09	0.10	0.09	0.08	0.02	0.02
X_4	1.26	1.41	1.42	1.39	1.12	1.62	1.29	1.35	1.23	1.33	1.08
X_5	4447.9	1893.1	439.7	796.8	2491.0	590.4	360.4	535.5	~	~	~
X_6	71.62	60.93	53.84	42.32	43.16	43.16	48.91	48.94	41.68	87.46	96.37
X_7	12.02	16.87	17.88	8.76	14.66	9.11	13.18	13.37	15.62	~	~
X_8	75.04	100	21.34	1.71	15.03	22.03	12.67	16.38	0.63	~	~
X_9	0.91	0.32	0.64	0.36	0.12	0.11	0.35	0.36	0.10	0.18	0.34
X_{10}	2.87	4.93	3.15	2.67	2.62	3.06	2.11	2.26	1.11	0.85	1.55
X_{11}	13.71	66.60	29.60	9.15	41.7	39.77	15.44	11.00	9.50	37.86	~
X_{12}	172.56	393.71	35.17	41.5	16.05	66.44	33.00	15.56	10.29	~	~
X_{13}	2324	2577	256	444	41	405	144	158	67	1830	13.30
X_{14}	0.42	1.11	0.85	0.45	0.65	1.46	0.77	0.45	0.18	2.93	0.23
X_{15}	0.59	0.91	1.69	0.21	0.31	0.74	0.18	0.28	0.11	0.89	2.70
X_{16}	9.02	6.21	15.77	17.25	12.55	15.37	14.89	23.47	23.08	~	~
X_{17}	95.53	97.16	97.34	96.57	97.46	95.13	100.00	94.82	95.91	~	~
X_{18}	6.00	2.69	4.14	0.00	1.99	0.98	0.00	0.72	0.00	1.20	2.30

注："~"标志的数据均为未获取到的数据，但是从整体海洋经济高质量发展的发展指数来讲，影响较小。

6.3.2　实证结果分析

（1）珠三角核心区海洋经济高质量发展的维度层及指标层的贡献度

由表 6.3–2 可知，按照珠三角核心区海洋经济高质量发展维度层贡献度的大小，2019 年维度层排名第一位至第五位依次是经济发展、科技创新、资源效率、开放水平、绿色生态;指标层的贡献率超过10%的有每平方千米海域面积所承载的人口,贡献率处于5%～10%的有海洋六大产业销售或营业收入、第三产业增加值比重、涉海企业相对占比、高技术制造业增加值占规模以上工业增加值比重、平均每家县级及以上政府部门所属研究与开发机构科技活动人员港口标准集装箱吞吐量、入境旅游接待能力及生态修复岸线长度占全市岸线的比率,其余的贡献率均低于5%。

总体来看,海洋经济发展占比较大,说明现阶段珠三角核心区海洋经济高质量发展水平与各地的经济发展水平是密切相关的;而绿色生态占比最小,开放水平指标次之,说明当下海洋经济对外开放水平需要进一步扩大,绿色发展、生态保护依旧是未来珠三角核心区海洋经济高质量发展的主要抓手;科技创新指标权重仅比资源效率高出2.32%,说明珠三角核心区海洋科技创新能力将会逐渐取代资源依赖型的发展模式。

表 6.3–2 珠三角核心区海洋经济高质量发展指标熵权

维度层	指标层	熵权 w
资源效率 (19.3%)	每平方千米海域面积所承载的人口 X_1	10.16%
	单位岸线产值 X_2	3.71%
	单位GDP电力消耗量 X_3	3.37%
	年末金融机构存贷比 X_4	2.05%
经济发展 (27.42%)	海洋六大产业销售或营业收入 X_5	9.17%
	第三产业增加值比重 X_6	5.47%
	财政支出贡献率 X_7	4.24%
	涉海企业相对占比 X_8	8.53%
科技创新 (21.62%)	涉海专利申请量比重 X_9	4.08%
	研发经费投入强度 X_{10}	2.27%
	高技术制造业增加值占规模以上工业增加值比重 X_{11}	5.61%
	平均每家县级及以上政府部门所属研究与开发机构科技活动人员 X_{12}	9.66%
开放水平 (16.10%)	港口标准集装箱吞吐量 X_{13}	6.66%
	进出口强度 X_{14}	4.45%
	入境旅游接待能力 X_{15}	5.00%
绿色生态 (15.56%)	工业废水排放率 X_{16}	4.39%
	污水处理场集中处理率 X_{17}	4.94%
	生态修复岸线长度占全市岸线的比率 X_{18}	6.23%

（2）珠三角核心区各城市海洋经济高质量发展指数

分别计算上述 11 个城市 2019 年海洋经济高质量发展指数及 5 个目标层的发展指数，并对每个指数分别进行排序，具体计算结果如表 6.3–3 所示。

表 6.3–3　珠三角核心区 11 个城市海洋经济高质量发展总体得分情况

城市	海洋资源效率		海洋经济发展		海洋科技创新		海洋开放水平		海洋绿色生态		海洋经济高质量发展指数	
	得分	排名	得分	排名	得分	排名	得分	排名	得分	排名	得分	排名
广州	6.75	4	22.22	1	15.31	2	7.76	3	10.77	1	62.80	2
深圳	7.49	3	10.92	2	31.81	1	11.40	2	10.00	2	71.63	1
珠海	13.68	1	5.73	4	7.49	4	5.99	5	9.30	3	42.20	3
佛山	2.91	9	2.28	10	4.19	6	2.23	8	3.69	6	15.31	9
惠州	3.67	7	9.51	3	4.62	5	2.08	9	8.03	5	27.92	5
东莞	5.30	6	1.86	11	7.62	3	6.68	4	3.45	7	24.91	6
中山	2.76	10	4.13	7	3.94	7	2.52	7	8.44	4	21.80	7
江门	3.58	8	3.26	9	2.60	9	1.64	10	0.75	11	11.84	10
肇庆	1.48	11	3.19	8	0.17	11	0.14	11	1.41	9	6.40	11
香港	7.54	2	4.58	5	3.18	8	15.75	1	1.25	10	32.31	4
澳门	5.59	5	5.47	5	1.57	10	5.19	6	2.39	8	20.21	8

数据来源：原始数据由作者搜集并通过相应方法整理计算得出。

第一，珠三角核心区海洋经济高质量发展总体得分排名前三的城市分别是深圳、广州和珠海；紧接着是香港、惠州、东莞、中山、澳门、佛山；排名后两位的城市是江门和肇庆。同时，各个子系统的得分与排名也反映了珠三角核心区海洋经济高质量发展的优势和不足：深圳的海洋科技创新能力排名第一，同时深圳在开放水平、绿色生态、经济发展及资源利用效率方面均发展良好，深圳的海洋经济高质量发展与其全面均衡发展是分不开的；广州在海洋经济发展和海洋生态文明子系统中排名第一，这得益于其在"海洋六大产业销售或营业收入""涉海企业相对占比"和"生态修复岸线长度占全市岸线的比率"上的得分遥遥领先其他城市；珠海的海洋资源利用效率最高，与其"每平方千米海域面积所承载的人口"和"年末金融机构存贷比"得分密切相关；香港凭借四通八达的交通枢纽能力和较高的国际化水平，在海洋开放水平上排名第一；江门、肇庆两市海洋要素在整体经济中欠缺，陆海一体的发展格局趋势在现阶段表现平平，指数排在末尾；余下的惠州、东莞、中山、江门、澳门五市，在各项指标上的表现居中，海洋经济突出优势不明显。

第二，从 5 个指标层次来看，海洋经济高质量发展指数排名靠前的城市主要得益于其五个指标层均衡发展。具体有海洋资源禀赋分值遥遥领先的是珠海和香港；海洋经济发展较好的是广州、深圳和惠州；海洋科技创新能力较强的是深圳、广州和东莞；海洋经济对外开放水平较高的有香港、深圳和广州；而海洋生态环境较好的有广州、深圳和珠海。

第三，从具体的各个指标来看，对 11 个城市海洋经济高质量发展指数影响力较大的指标各不相同。具体为影响广州海洋经济高质量发展指数的指标主要有海洋六大产业销售金额、涉海企业相对占比、平均每家县级及以上政府部门所属研究与开发机构科技活动人员数量、港口标准集装箱吞吐量及生态修复岸线长度占全市岸线的比率；影响深圳海洋经济高质量发展指数的指标主要有高技术制造业占规模以上工业比值、港口标准集装箱吞吐量及工业废水排放率；影响珠海海洋经济高质量发展指数的指标主要有每平方千米海域面积所承载的人口、财政支出贡献率、生态修复岸线长度占全市岸线的比率及污水处理厂集中处理率；影响香港海洋经济高质量发展指数的指标主要有第三产业增加值比重、港口标准集装箱吞吐量及进出口强度。

6.4 评价工作存在的主要困难

6.4.1 海洋类数据获取难度较大

数据是开展定量分析的基础，因此进行海洋经济高质量评价机制构建工作时首先需要选择合适的、可获取的海洋经济数据指标，但我国海洋类经济相关数据资料仍有缺口，因此在研究时多采用对应国民经济的替代指标。为了逐步掌握我国海洋经济的基本情况，2015—2020 年，国家海洋局曾在 11 个试点省份组织开展全国第一次海洋经济调查工作,作为海洋大省的广东省也位列此次调查的试点省份中。这项海洋普查工作在很大程度上摸清了我国海洋经济的家底,但在开展收集数据工作时发现以下问题:一是参与全国第一次海洋经济调查工作的部门除海洋相关部门参与外还包括了发改委、财政、统计、民政、工商等行政部门,各单位的加入也表明了其对海洋经济调查工作的重视,但在实际操作过程中,由于部门利益、标准壁垒、技术差异等因素的存在,致使各部门的数据共享存在较大阻碍,造成数据资源的冗余和大量重复性工作;二是在清查阶段采用了普查员上门入户调查的方式,使用的清查底册是在参照第三次全国经济普查数据(2013 年,后更新至 2015 年)的基础上通过国民经济行业代码与海洋产业代码的简单对照关系形成的,但在实际清查过程中,发现底册所涉及的企业数量庞大,并且部分非涉海企业也被纳入底册中,由于非涉海企业填报人员缺乏对海洋的基础认知,为调查员的工作增加了额外的诸多不便;三是目前对于海洋经济的定义仍然有广义与狭义之分,因而其涵盖的范围也存在一定的争议。虽然现行的调查方案对清查和产业调查中的海洋产业类别作出了相应的规定,但在实际操作过程中,由于经济内涵的相关性与产业关系的连带性,对于部分产业(如海洋旅游业)依然很难准确区分其与海洋相关产业及其他经济门类的界限,这也对产业数据有一定的影响。

6.4.2　配套评价机制尚不完善

目前,在对海洋经济高质量发展中尚未形成完整配套的评价机制。其一,缺乏客观独立的评价机构和评价队伍,评价力量薄弱,尚未建立专业配套、专家选择公正、管理科学规范的专家库,以致评价工作仍有很大的进步空间;其二,海洋经济相关评价分析报告有很多,但是与涉海企业的联系较弱,大多数对海洋经济高质量发展评价都是以宏观数据为切入口对海洋经济进行分析,以微观角度涉海企业作为分析对象的评价报告较少,对广东省乃至珠三角核心区的涉海企业没有起到较大的影响作用。

6.5 评价标准与技术指南内容设计

6.5.1 海洋经济高质量发展评价标准梳理

海洋经济高质量发展评价标准的制定，首先要明晰现有标准的概念及分类，其次要对现有海洋相关标准进行梳理，重点对海洋经济类标准进行分类整理、归纳总结，分析现有海洋经济类标准中评估标准的优势及存在的不足，进而为海洋经济高质量发展评价标准的制定奠定良好的基础。

现有标准主要分为五大类：一是国家标准，二是行业标准，三是地方标准，四是团体标准，五是企业标准。国家标准是指由国家机构通过并公开发布的标准，分为强制性国家标准和推荐性国家标准。强制性国家标准是指对保障人身健康和生命财产安全、国家安全、生态环境安全以及满足经济社会管理基本需要的技术要求；而推荐性国家标准是指对满足基础通用、与强制性国家标准配套、对各行业起引领作用等需要的技术要求。国家标准是标准体系中的主体，一经发布，与其重复的行业标准，地方标准相应废止。行业标准是指没有推荐性国家标准、需要在全国某个行业范围内统计的技术要求；地方标准是指在国家某个地区通过并公开发布的标准；团体标准是指由团体按照团体确立的标准制定程序自主制定发布，由社会自愿采用的标准；企业标准是指对企业范围内需要协调、统一的技术要求，管理要求和工作要求所制定的标准。

目前，海洋方面标准从类别上来看，主要集中在国家标准和行业标准两大类，其余的标准相对较少。现有海洋类国家标准主要集中在海洋环境试验方法、海洋调查规范及观测规范、海洋平台及海洋装备、海洋能开发与利用等方面。行业标准则集中在海域使用及海洋能开发利用、海洋调查观测监测、海洋生物资源开发与保护、海水淡化与综合利用、滨海湿地等方面。

相较于海洋生物资源开发与保护、海洋调查规范等方面较为健全、完善的各类标准体系，海洋经济类相关的标准相对匮乏，现行实施的标准主要有《海洋及相关产业分类》《海洋经济运行监测和评估指标体系》《海洋经济指标体系》及《海洋经济评估技术规程》。其中,《海洋及相关产业分类》属于国家标准,其他的则属于行业标准。《海洋经济评估技术规程》是海洋经济类的第一个具体的评估标准,其框架结构、内容对海洋经济的评估标准具有一定的参考意义。

通过梳理现有海洋经济评估类标准,同时与其他评估类标准进行对比分析,发现海洋经济评估类标准亟须增强,不仅仅表现在数量上,更加表现在质量上。由此可见,编制珠三角核心区海洋经济高质量发展评估规范性文件,既可以填补海洋评估标准数量、质量上的不足,又可为科学评估珠三角核心区海洋经济高质量发展做出实际贡献,具有较强的理论和实践意义。

6.5.2 珠三角核心区海洋经济高质量发展评价标准结构框架

测度海洋经济高质量发展,最重要的是确立一个结构和形式上较为统一,在内涵上又能体现个体特色的评价标准。目前,针对海洋经济高质量发展的评价没有一个统一的标准,仍处于讨论、研究、探索阶段。对于珠三角核心区这样一个具有典型特色的区域海洋经济范畴,体现其丰富内涵的标准仍没有形成共识。基于海洋经济高质量发展的总要求和珠三角核心区的实际情况,从精准度、代表性、特色点、国际化四维层面出发,遵照现有统计与产业标准,经过仔细筛选和反复考虑,确定了湾区海洋经济高质量发展评价原则、评价内容、评价指标、评价方法和评价流程。

(1)范围

规定海洋经济高质量发展评价的原则、内容、结构和方法。本标准适用于海洋经济高质量发展的综合评价。

(2)评价基础

以《海洋及相关产业分类》《海洋生产总结核算技术指南》《海洋生产总结核算制度》和《海洋统计报表制度》等为评价基础。

(3)评价原则

海洋经济高质量发展评价应遵循以下基本原则。

科学性原则：以科学性原则为指导，实级指标，明确指标评价的内容、评价范围、评价标准；

实用性原则：数据长期可以比较容易和稳定的获得，与湾区海洋经济高质量发展与日常业务密切相关，投入产出比最大。

导向性原则：总要求之下，体现珠三角核心区经济发展特点和整体特色，以湾区海洋经济高质量发展的定位和方向为切入点。

可获得性原则：综合考虑各地市数据获取的难易程度，平衡各单位统计口径，充分利用统计信息与部门共享获得成熟、有效的数据。

（4）评价内容

海洋经济高质量发展的评价内容可根据评价目的、任务要求和地方实际情况进行增减。内容包括资源禀赋、经济发展、金融支持、科技创新、开放共享。具体如下。

目标层	指标层	要素层	指标计算	指标类型
珠三角核心区海洋经济高质量发展	资源效率	每平方千米海域面积所承载的人口 X_1	常住人口/海域面积（人/千米 ^{2}）	+
		单位岸线产值 X_2	产业增加值/大陆海岸线长度（万元/千米）	+
		单位GDP电力消耗量 X_3	电力消耗量/GDP（千瓦·时/万元）	−
		年末金融金融机构存贷比 X_4	年末金融机构存款余额/年末金融机构贷款余额（比值）	
	经济发展	海洋六大产业销售或营业收入 X_5	直接获取指标（亿元）	+
		海洋第三产业增加值比重 X_6	第三产业增加值/地区生产总值（%）	+
		财政支出贡献率 X_7	财政支出/GDP（%）	+
		涉海企业相对占比 X_8	全国第一次海洋经济调查企业数量/最大企业数量（%）	+

续表

目标层	指标层	要素层	指标计算	指标类型
珠三角核心区海洋经济高质量发展	科技创新	涉海专利申请量比重 X_9	涉海专利申请数量/国内三种专利申请数量（%）	+
		研发经费投入强度 X_{10}	研发经费支出/GDP（%）	+
		高技术制造业增加值占规模以上工业增加值比重 X_{11}	高技术制造业增加值/规模以上工业增加值（%）	+
		平均每家县级及以上政府部门属研究与开发机构科技活动人员 X_{12}	县级及以上政府部门属研究与开发机构科技活动人员/数量（人/家）	+
	开放水平	港口标准集装箱吞吐量 X_{13}	直接获取指标（万TEU）	+
		进出口强度 X_{14}	进出口总额/地区生产总值（%）	+
		入境旅游接待能力 X_{15}	接待入境游客人数/地区人口总数（%）	+
	绿色生态	工业废水排放率 X_{16}	工业废水排放量/废水排放总量（%）	−
		污水处理场集中处理率 X_{17}	直接获取指标（%）	+
		生态修复岸线长度占全市岸线的比率 X_{18}	生态修复岸线长度/全市岸线的比率（%）	+

注："+"表示该指标为正向指标，"−"表示该指标为负向指标。

（5）评价流程

珠三角核心区海洋经济高质量发展的综合评价工作一般分为4个阶段：

1）第一个阶段为资料搜集阶段，主要工作包括：

①研究与海洋经济高质量发展相关文献资料，研究与海洋经济高质量发展综合评价的有关文件；

②确定海洋经济高质量发展评价的一标，明确每个二级指标代表的内容；

③筛选和确定主要二级指事求是的分析海洋经济的资源禀赋、经济发展、科技创新、开放共享、绿色生态，以及对区域海洋高质量发展的影响，为决策提供依据。

④根据确定的指标，进行数据搜集。

2）第二个阶段为数据处理与分析阶段，主要工作内容包括：

①按第一阶段要求将所收集的资料进行数据分析与处理，整理成各单项评价所需要的评价指标或评价要素；

②数据标准化处理后，按照所列指标体系量化成表。

3）第三阶段为综合评价阶段，主要工作内容包括：

①按照所确定的方法进行统计评价；

②根据评价方法得出相应的评价结果，具体项不符合不影响其他指标的评价。

4）第四阶段为评价结论与报告书编写阶段，主要工作内容包括：

①根据综合评价的结果，对湾区海洋经济高质量发展进行分析；

②给出评价结论，综合评价结论应明确反映各阶段评价的具体结论；

③给出促进海洋经济高质量发展的具体对策措施和建议；

④进行专家评审，提交相关部门审查。

具体评价流程见图 6.5-1。

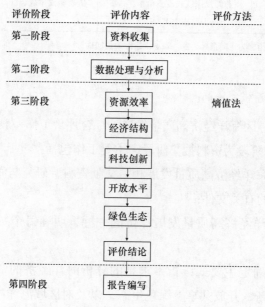

图 6.5-1　评价流程

6.5.3 珠三角核心区海洋经济高质量发展评价技术指南内容设计

通过分析珠三角核心区海洋经济高质量发展评价标准化的必要性、可行性，基于珠三角核心区海洋经济发展实际，编制基于湾区视角的海洋经济高质量发展评价技术规范。内容设计详见本报告附件。

7 广东推动珠三角核心区海洋经济高质量发展的路径

本章基于前文研究和评价结论，着重从广东省的角度提出推动珠三角核心区科技创新引领产业生态化发展、珠三角核心区海洋资源高质量开发与管控、珠三角核心区海洋生态产业化发展、海洋金融支持海洋经济发展的实现路径。

7.1 构建完善珠三角核心区合作机制和科学评价机制

7.1.1 提升珠三角核心区合作机制效能

一是突破"两制"，加快三地间海洋生产要素流动。

强化统筹突出解决好不同城市功能定位、产业布局、基础设施、公共服务和政策方面的对接，实现珠三角核心区城市错位发展。支持深圳和广州建设全球海洋中心城市，加快深圳建设国际化创新城市，香港建设世界金融贸易中心，澳门建设世界休闲中心。先行先试主要在于加大改革创新力度，对标国际一流湾区的做法，探索"一国两制"下要素资源自由流动和优化配置的新机制。充分发挥两地优势，实现互利双赢，特别在科技创新、开放合作领域共同打造资金链、创新链、产业链，培育湾区新增长点。推动湾区公共服务和社会福利衔接，解决三地发展瓶颈和突出民生问题，特别是在教育、医疗、城市交通、港珠澳大桥等公共服务领域共享制度发展成果。

二是深化改革，完善科技创新驱动体制机制。

充分利用香港和澳门的科技资源，形成分工合理的海洋科技创新体系。打造国际科技创新中心，统筹利用全球科技创新资源，完善创新合作体制机制，优化跨区域合作创新发展模式，构建国际化、开放型区域创新共同体。深入落实国家级自贸区相关政策，加强湾区内国家科技兴海产业示范基地、国家海洋高技术产业基地、海洋经济发展示范区建设，不断提升广东省海洋经济发展中的科技含量。出台湾区范围内海洋科技人才和管理人才的引进机制、优惠办法，加强与国内外其他科技人才的交流，激发企业、企业家、科技人才的创新动力，激发和保护企业家精神。建立高效的粤港澳三地之间人员往来"一地两检"制度，提高通关效率。近期可在广东珠三角地区先行落实中央对港澳居民在就学、就业、创业等方面给予本地人口同等待遇的要求。在游轮产业发展方面，广东省要本着开放包容的原则，建设良好的游艇基础设施，并配套相关的"就地联检，就地停泊"通关模式，推进港澳游艇"自由行"、为游艇旅游业发展积累经验。

三是共商共建，探索贸易畅通、资金融通的合作机制。

支持香港和澳门参与"一带一路"建设，共商共建超级大港，拓展港澳的经济腹地，共建共享，"拼船出海"共同开拓沿线市场。引导金融服务实体海洋经济，实施"金融强海"行动计划。加大对海洋新技术、海洋新产业、海洋新业态、海洋新模式的金融支持力度，逐步推进形成海洋金融多层次资本市场体系。积极引入创业投资基金、私募股权基金，支持推动海洋经济高速发展。发展涉海保险，推进海洋环境污染强制责任险、海洋巨灾保险和再保险机制。控制资金信贷流向，鼓励金融创新但同时控制风险。在"深港通""债券通"基础上，进一步推动粤港资本市场互联互通。依托广东自贸试验区建设，共同商建珠三角核心区自由贸易港区。鼓励开展离岸金融业务，拓展跨境人民币业务，实现跨境资本优化配置。依托香港世界级金融中心，大力发展绿色金融，推进粤港澳金融合作，构建珠三角核心区海洋经济发展金融服务体系，探索在境内外发行海洋开发债券，推动建立海洋投贷联盟。鼓励发展海上保险及船舶金融等特色金融业，鼓励和支持涉海企业上市。

7.1.2　在实践中不断完善评价机制

一是以五大发展理念统领评价机制。

坚持推动海洋经济高质量发展，准确把握时代脉搏，在评价机制中坚持科学性与合理性、统一性与差异性、定量与定性等原则相结合，深入贯彻创新发展、协调发展、绿色发展、开放发展、共享发展等五大发展理念。根据珠三角核心区海洋经济发展实际情况不断创新完善评价体系，并加强创新对海洋经济高质量发展的评价影响。协调评价机制中各主体作用，推动珠三角核心区海洋经济进一步发展。充分考虑珠三角核心区海洋经济发展过程中的生态环境影响，体现习近平生态文明思想的指导意义。另外，海洋经济是典型的开放型经济，海洋经济的迅速发展得益于改革开放，因此要在评价机制中涵盖开放要素，以期推动珠三角核心区海洋经济高质量发展。最后，共享发展是经济高质量发展的根本目的，因此要在构建评价机制时应秉承互信、互助、互利的原则，深化各方交流合作，推动珠三角核心区海洋经济高质量发展。

二是完善科学评价指标体系及标准。

发挥评价指标体系的导向作用，通过构建科学合理的海洋经济高质量评价指标体系，制定科学的评价标准来引导珠三角核心区海洋经济高质量发展。根据广东省以及珠三角核心区海洋经济高质量发展需要，从反映经济发展涵盖的资源效率、经济发展、科技创新、开放水平、绿色生态等方面出发，在借鉴国内外相关研究的基础上，构建适合珠三角核心区海洋经济高质量发展的指标体系。此外，海洋经济高质量发展评价应满足科学性、公正性、可执行性等要求，要注意评价标准制定的多元化，要考虑到各行业、各地区的异质性特征。此外，建议按照统一标准核算珠三角核心区所属每个地市的海洋生产总值，这是保证各地市间海洋经济数据一致性和可比性的重要数据基础。

三是建立完善咨询专家库。

在海洋经济高质量评价过程中，评审组织单位应按照评审对象所在区域、涉及行业和用海特点，邀请相应级别海洋领域具有一定的专业水平和鉴别能力的专家组成公正高效、专业搭配合理的评审组。同时，要建立海洋经济高质量评价专家信息库，信息库采取开放式，"入库"专家可以首选广东省内以及港澳特区的专家和学者，并且由不限于海洋经济领域的专家、学者、教授来推荐，或通过遴选方式"入库"。"入库"专家可实行动态调整，在一定时间周期内按相应标准和程序调整专家库组成人员，例如，可将主持相关课题研究、发表论文数、在全国范围内参与专家评审次数作为审核标准，进而保持"入库"专家队伍水平的动态平衡。在每次评价时，由电脑从专家库中随机抽取来确定评价专家组成员，以保证评价客观公正，为海洋经济高质量发展提供咨询和技术指导。

四是建立评价意见反馈机制。

加强评价结果的分析，建立评价意见的反馈机制。评审组应运用定量和定性研究方法进行科学评价并对结果进行进一步深入分析，结合具体情况，针对评价目的做出结论性判断。评价结果可以是确定的量化数值，也可以是指导性意见。评价机构应将评价结果反馈给上级相关部门和省市各级政府。此外，评价机构还应通过现场调研、信访机构、问卷调查、职能部门、新闻报道等渠道及时收集社会对本地区、本行业经济发展方式转变的评价意见，并站在公正的立场上对社会反馈意见进行客观的分析判断，再将社会反馈意见进行处理后提出完善的建议，最后把完善的建议反馈给相关部门（如粤港澳有关涉海管理部门），这样也与五大发展理念中共享发展理念相呼应。

7.2　打造科技创新引领的海洋产业生态化发展模式

7.2.1　推动海洋产业与陆上产业融合

推动珠三角核心区陆上相对成熟的5G、人工智能、大数据、区块链等新一代信息技术下海发展海洋电子信息产业，陆上深厚的制造业基础可以为海洋工程装备产业所用，陆上新能源开发技术可以为海上风电、天然气水合物产业所用。因此，需要推动越来越多的科技企业向海洋进军。突破海洋"圈层"，搭建陆域企业向海洋进军的平台，推动陆企资金、技术、管理、人才等资源向海洋领域延伸，为海洋经济发展培育更多新增长点，形成涉海产业集群效应。同时，充分发挥珠三角核心区内龙头企业对产业链上下游的带动作用，通过举办项目推介会、洽谈会、投融资路演等活动，实现全产业链沟通对接、与上下游客户的供需洽谈提供平台。

7.2.2 促进海洋传统产业与海洋新兴产业融合

积极推动海洋渔业、海洋旅游等海洋产业的转型升级，加快相关产业与新兴产业一二三产业融合发展。探索"海洋生态渔业＋海洋旅游业＋海洋生物医药""海洋可再生能源利用业＋海洋生态渔业"等发展模式，充分延伸海洋生态产业产品链条和价值链条，推动海洋传统产业与海洋新兴产业融合发展。例如，在海洋牧场建设方面，可以利用自然海洋生态环境，科学开发利用海洋资源，通过良种选育和苗种培育技术、海藻场生境构建技术、增养殖设施与工程装备技术、精深加工与高值化技术等关键技术，在特定海域科学培育和管理渔业资源，将人工放流的海洋经济生物聚集起来，像在陆地放牧牛羊一样，对鱼、虾、贝、藻等海洋资源进行有计划和有目的的海上放养。通过将海洋牧场渔业生产与休闲旅游体验相融合，以休闲观光、海上垂钓为亮点打造精品海洋牧场，将粗放捕捞生产作业转为精致的海钓经营，有效避免海洋生物资源过度输出，逐步形成"海洋牧场＋休闲海钓＋游钓型游艇"发展模式，产业的融合发展将有效提高产业附加值。

7.2.3 积极推动海洋产业集群发展

聚焦珠三角核心区现有优势海洋产业，充分发挥广东省制造业和信息化发展的基础优势，顺应以人工智能、量子信息、移动通信、物联网、区块链为代表的新一代信息技术发展趋势，培育海洋创新发展新动力、改造提升传统海洋产业，打造具有国际竞争力的现代海洋产业集群新体系。

在海洋电子信息产业方面，支持大型电子信息产业向海洋领域拓展，打造海洋电子信息产业集群。深圳和广州等市拥有良好的电子信息产业基础，在深圳和广州等市规划布局新型海洋电子信息产业示范园区和孵化基地，培育一批涉海电子信息装备技术领先的龙头企业。

在海洋高端装备产业方面，培育具备具有国际竞争力的行业领军海工配套企业，加快海工配套自主品牌产品开发和产业化，支持建设海洋工程装备海上试验场，推动深圳海洋工程装备国家级海试基地和评估体系海上综合测试场建设，推动优势配套产品集成化、智能化、模块化发展，形成一批世界级海洋工程装备配套服务基地。结合新一代科技革命及节能环保发展要求，推动海洋工程装备全生命周期的数字化、高端化、智能化和绿色化发展。

在海洋旅游产业集群方面，珠三角核心区内各城市立足于各自海洋、海岛和海洋文化等旅游资源，注重海洋文化内涵的挖掘与保护，形成不可复制、独特的文化内涵。持续推进建设高品质滨海旅游公路。推广"一程多站"和粤港澳游艇自由行试点政策，加快"海洋－海岛－海岸"旅游立体开发，粤港澳三地共建世界一流的海洋旅游目的地。

在海上风电产业方面，建设珠三角海上风电科创金融基地、建设粤西海上风电高端装备制造基地、建设粤东海上风电运维和整机组装基地。其中，依托阳江海上风电产业基地，建设海上风电培训中心；依托粤西地区海上风电项目的规划布局，选址建设专业化、规模化海上风电总装与出运码头，打造南中国海海上风电装备出运母港；依托广州南沙新区、深圳前海新区、珠海横琴新区、中山火炬高技术产业开发区等国家级平台发展海上风电金融产品，培育和创新海上风电金融业务。

在海洋生物产业方面，加快广州南沙国家科技兴海示范基地、深圳国际生物谷大鹏海洋生物园建设，推动珠海、东莞、中山等市生物科技基地和产业园发展。

另外，持续巩固临海石化集群的竞争优势，采取集群化招商引资战略，主动设计产业链，采用产业链招商模式，以其产业为依托，将上下或横向关联企业一揽子引进。企业之间共享基础设施和公用工程，使各企业专注于自己的核心业务的同时，又与工艺技术上和产品供求上有密切依存关系的企业联合起来，极为便捷地买卖原料和产品，创造生产协同效应，由此发挥出极大的一体化优势。

7.2.4 积极推动海洋产业生态化发展

首先推进海洋生态资源价值显化。开展珠三角核心区海洋资源调查和自然资源资产价值核算，探索编制沿海滩涂、湿地、红树林、珊瑚礁等海洋生态资源资产负债表。按照生态产业化经营要求，建立适应市场化的生态要素产权制度。促进生态资源转化为生态资产，并形成可经营的生产要素。培养新型的生态产业化经营主体，完善科学的生态产品价值评估机制，探索多元的生态产品价值实现方式，充分发挥市场在生态产品配置中的决定性作用。

探索海洋生态产品经济价值实现机制。根据珠三角核心区各市的海洋生态环境情况，因地制宜推动生态产业化发展，探索政府主导、企业和社会各界参与、市场化运作、可持续的生态产品价值实现路径。在珠三角核心区探索建立自然资源交易中心，建立健全全民所有自然资源生态产品价值核算机制，加快形成海域、海岛等各类自然资源的生态产品价值实现路径。

促进蓝碳产业健康发展。落实国家碳达峰、碳中和部署要求，加快波浪能、潮汐能、温差能等海洋清洁能源的研究和开发应用。深入开展海洋碳汇研究，加快蓝碳标准体系、海洋碳汇核算系统的理论方法和碳汇计量相关技术方法及标准建立。推进珠三角核心区蓝碳资源的本底调查。探索建设蓝色碳汇项目产权界定与配置、蓝碳交易、审核、计量及交易制度。大力推进珠三角核心区蓝碳增汇工程，通过海岸线整治修复、海堤生态化、滨海湿地恢复、美丽海湾建设等生态修复工程恢复和提升红树林、盐沼湿地和海草床等海岸带高等植物生境的碳汇功能。结合海洋牧场建设，发挥浮游植物、藻类和贝类等生物的固碳功能。利用珠三角核心区金融、航运等高端服务业发展的优势，推进蓝碳产业与金融业的融合，在广州、深圳、珠海等地开展蓝碳试点，探索建立海洋碳汇交易试点。搭建海洋低碳产业链条促进产业生态化发展，重点开展红树林修复项目碳增汇和生态价值的市场化，吸引社会资金投入红树林保护修复、推动海洋碳汇经济发展、实现碳中和。

7.3　推动海洋资源高质量开发与管控

7.3.1　构建海洋资源动态立体监测网络，全面掌握资源家底

一是粤港澳三地联合组织珠三角核心区海洋资源、水文环境、近岸地形等专项科学调查，全面摸清省域海洋资源与环境本底，为科学制定海洋资源开发保护规划，实行资源分类精准治理提供可靠依据。二是推进集岸基观测、空中遥感、浮标观测、浅海观测、深海观测于一体的海洋立体化观测体系建设，信息化手段与实地巡查相结合，全面加强海洋资源利用全过程动态跟踪监管，构建常规监测、专题监测和重点监测相结合的动态监测制度。三是强化珠三角核心区海洋资源环境承载力、开发适宜性等评价，全面分析珠三角核心区海洋资源开发潜力，找准阻碍资源利用效率提升的问题，为推动海洋资源高效利用提供科学依据。

7.3.2　建设珠三角核心区海洋资源数据库，提高海洋信息化管理水平

一是建立陆海统筹自然资源一体化数据标准规范体系，包含数据分类标准规范、数据汇交整合标准规范、数据资源管理标准规范、数据更新与应用标准规范。二是汇集海洋分散数据，为海洋资源管理和服务提供统一的"底板""底数""底线"。将海洋专题数据接入"广东省自然资源厅自然资源一体化数据库"及"广东省政务大数据中心"，构建珠三角核心区海洋资源专题数据库，实现"跨业务"、省市县"三级联动"的信息共享及更新服务模式。三是利用大数据、人工智能等技术，实现对海洋资源利用的实时监管，提高用海、用岛审批效率，以智能信息化手段高效管理海洋资源。鉴于海洋数据的复杂性和专业性，建设专业的海洋大数据中心，搭建海洋与海岸带空间信息平台，对资源、生态、环境调查数据进行统一的管理、维护和发布，实现对历史海洋资料进行规范化整合处理，同时对各学科调查所得的现有资料进行综合管理，基于三维基础平台实现对多学科海洋资料的可视化展示和综合查询等信息服务功

能。此外，通过对各个时期、各种类型的调查资料进行信息提取和数据挖掘分析，掌握重点海洋要素的分布、变化状况，为珠三角核心区海洋智能化管理提供辅助决策。

7.3.3 健全海洋资源资产产权体系，完善海洋资源配置方式

一是遵循"一物一权"原则，探索建立海域立体分层设权制度，加快研究制定适应珠三角核心区实际的海域立体分层设权技术规程、管理方法和配套制度等，逐步推进海域水面以上、水面、水体、海床和底土立体分层确权。二是结合珠三角核心区现状用海情况，开展海底电缆管道、跨海桥梁、海砂开采、网箱养殖等用海活动调查和立体用海兼容性分析，为构建和完善海域立体确权体系提供支撑。三是先行先试，积极探索无居民海岛使用权转让、出租等权能，逐步完善无居民海岛产权体系。四是健全海洋资源交易市场体系，搭建珠三角核心区海洋资源市场化交易平台，完善海洋资源市场化出让流程，加快推进海洋资源市场化配置与流转，促进海洋资源有偿使用及高效利用。

7.3.4 加强海岸线保护与修复，建立海岸线集约高效利用机制

一是定期开展珠三角核心区海岸线调查统计工作，动态监测岸线开发利用情况，因地制宜地研究制定适合自然岸线修复的技术方法和工程措施，适时开展海岸线的整治修复工程。二是建立珠三角核心区海岸线使用占补平衡制度，明确"谁使用，谁修复"的基本原则，开展海岸线价值评估研究，推动差别化征收海域使用金。三是探索通过市场化配置手段建立海岸线使用指标交易制度，逐步推动海岸线资源集约高效利用，为珠三角核心区产业布局优化和高品质涉海项目落地提供优质海岸线资源供给。

7.3.5 强化海洋生态环境保护，推动陆海污染综合治理

一是守牢海洋生态保护红线，完善红树林、珊瑚礁、海草床等典型海

洋生态系统的环境管控措施，推进海洋保护区规范化和标准化建设。二是建立珠三角核心区海洋生态补偿机制，加快出台珠三角核心区海洋资源开发利用生态补偿地方性法规，完善海洋生态价值评估体系，建立海洋生态环境保护补偿制度，加强生态环境保护监管，进一步提高生态用海用岛门槛。三是实施入海污染物总量控制制度，严控陆源污染物排海，加强对入海排污口管理与监测，合理布设监测点位，加大对违法违规排污口的清理整治力度。

7.3.6 健全法律法规及标准体系，规范海洋资源管理

加强地方海洋管理配套法律法规的出台与修订。推进《广东省海域使用管理条例》修订工作，加快《广东省海岛保护与利用管理条例》出台，构建无居民海岛产权体系，建立海洋资源有偿使用制度，完善无居民海岛利用审批流程，明确各主体具体权利义务，全面规范海洋资源开发利用保护行为，为资源高效配置与公平分配提供法律保障。

加强珠三角核心区海洋自然资源管理标准化研究，从可行性、需求、目标、设计框架、编制规划、实施应用、评价反馈、改进提升等标准化全过程，设计包括基础通用、管理、服务、技术等相关标准体系及其全过程标准化规划，研究建立珠三角核心区海洋自然资源管理标准体系，提高珠三角核心区海洋自然资源管理的标准化程度，为珠三角核心区海洋经济高质量发展贡献广东智慧。

7.4 推动海洋生态产业化发展

结合珠三角核心区海洋生态资源状况、海洋生态产业基础、优势和发展方向，广东推动珠三角核心区海洋产业化发展提出发展路径如下。

7.4.1 延伸现代海洋生态渔业产业链

一是推广新型生态养殖模式。在珠三角核心区大力开展设施渔业、逐

渐清理退还和转变沿岸传统养殖、推广工厂式、循环水等新型节能减排养殖模式，建立现代型渔业园区和水产绿色养殖示范区；推行深水抗风型网箱养殖技术，建造以深水网箱养殖为主要方式的海上园区；加强渔业生态环境保护与资源恢复技术研究。如生物操纵技术、生态调控技术与资源恢复技术等。

二是推动渔业与旅游业等产业的融合发展。在传统养殖业和捕捞业的基础上，以海洋牧场为依托，推动海洋渔业、旅游业、公共服务业等产业的融合发展，逐步形成"深水网箱养殖＋休闲旅游＋科普教育"等海上综合体的发展模式，深度延伸海洋渔业产业链条。

三是构建生态休闲渔业带。在珠三角核心区沿海地区构建以渔港风光、渔村风情、海上游钓、海底景观等为主要内容的滨海港湾生态休闲渔业带，促进开展各式各样的地区性休闲渔业。

7.4.2 积极发展可持续海洋生态旅游

一是合理利用海洋资源，助力海洋生态旅游建设。大力推进新兴海洋旅游与"海洋－海岛－海岸"、跨岛游立体开发，加强海上旅游产品综合开发。支持港澳与内地合作开发海岛游和邮轮、游艇、帆船旅游。统筹兼顾沿岸生态景观和交通功能，推进旅游航道建设。依托丰富的海洋海岛资源和海上丝绸之路文化资源，重点打造具有海上观光、海上运动、滨海休闲度假、热带动植物观光等特色的海洋海岛生态旅游片区。积极引进国内外知名旅游企业，科学合理利用开发，建设一批知名的精品景区，打造一批精品旅游线路。

二是控制旅游项目建设强度。积极落实《广东省文化和旅游发展"十四五"规划》。在珠三角核心区滨海旅游景区项目建设中充分考虑海洋的环境承载力，建立环境质量标准，力求在不破坏海洋环境的前提下发展滨海旅游。对项目建设情况进行严格监督，严惩无序开发和破坏性开发行为。大力推广生态旅游，引导景区根据自身范围内海洋环境的可承受压力调整游客接待数量。

三是适度开展景区基础设施建设，提升生态水平。在维护海洋生态系

统安全的前提下，科学设计符合珠三角核心区自然环境的旅游基础设施和
景观，评估与确定合理的环境承载量，严格依据环境承载量来控制海洋生
态旅游活动的规模、强度和范围。升级目前珠三角核心区各滨海景区的服
务功能，加大投入，强化基础设施供给力度。按方便、舒适、生态的要求
进行科学布局，为海洋生态景区提供良好的硬件条件。

四是加强对生态旅游资源的分级分类保护。根据珠三角核心区各类景
观的不同特点制定相应保护措施，做好与相关规划的协调衔接，优化旅游
项目的建设地点，合理确定建设规模。在重要和敏感的生态区域，严守生
态红线，禁止旅游项目开发和服务设施建设。

7.4.3 加速海洋生物资源药用价值转化

一是保障海洋药用生物资源的可持续发展。随着海洋生物医药产业
的发展，珠三角核心区未来海洋生物资源与药用资源的需求量将会持续
增长，为实现海洋生物制药的可持续发展，需重点发展养殖与捕获这两
个获得海洋药用资源的重要途径。针对当前海洋药用生物资源的状态进
行相应的栽培和养殖，持续拓展可以被药用的海洋资源范围，不断提升
海洋生物制药产业的技术水平，改革创新海洋药用生物资源的利用渠道，
全面拓展药源范围。运用成熟的先进技术开展基金培养和人工养殖，建
立综合化生态型海洋药用生物供应体系，以保证海洋生物制药的可持续
发展。

二是建立健全产业化中试平台。建设产业化中试技术研发服务平台，
形成海洋生物医药产业链协同创新发展模式。海洋生物医药产业作为珠三
角核心区重点发展的朝阳产业之一，技术成果的高效转化有利于产业的持
续发展。珠三角核心区可共建海洋生物医药产业化生产质量管理规范中试
技术研发公共服务平台，重点打造海洋生物资源利用关键共性技术研发、
中试工程化技术研发与技术服务、海洋生物医药相关科技成果转化技术研
发等核心基地，以避免企业在技术成果的中试阶段需要临时性地联合各工
序企业，耗费大量的人力、费用和时间。同时，该平台的建立可便于组织
有成果转化需求的科研单位、产业链上各阶段的代工企业以及具有完善销

售网络的生物制品公司，联合打造一个高效的以技术研发－中试工程技术攻关－产品销售为一体的科技成果转化技术研发（孵化）核心基地，形成海洋生物医药产业链协同创新发展模式。重点支持产业链培育较好、能够快速体现社会经济效益的项目，形成具有代表性的海洋生物医药产业研发成果，为政府的决策提供支撑作用。

三是加大海洋生物医药产业园区建设。海洋生物医药产业园区的建设和高效运行可为产业集群的发展提供载体，能有效促进海洋生物医药技术产业化与产学研集聚发展。大力推进海洋生物医药产业园区的建设，给予园区内企业及科研机构一定的税收优惠，鼓励海洋生物医药相关产业的企业以及科研单位向产业园区聚集，同时利于与高校交流联系，打造产学研合作平台，提升产学研结合能力。积极推进已有一定规模的产业园区（如深圳市大鹏海洋生物产业园等）做大做强和高效运行，建设具有影响力的海洋生物医药公共服务平台，大力支持和打造海洋生物医药产业产学研高效结合示范区。

7.4.4 加速海洋新能源产业示范应用

一是推动风能、潮流能、波浪能等新能源技术进步。适应海上风电规模化开发的需要，鼓励和引导企业加大研发投入。依托明阳集团中山风电产业基地建设海上风电机组研发中心，组织开展联合研究，加强大型海上风电机组关键技术攻关，开展风电机组抗台风、防盐雾等相关技术攻关，支持建设南海台风多发海域试验风场，不断提升风电机组研发制造技术水平。鼓励风电开发企业、研究机构积极开展移动测风、漂浮式海上风电基础、远距离海上风电输电方式、海上风能与波浪能潮流能综合利用、海上风电开发的环境影响等关键核心技术研发和相关实验示范项目建设，推动深水海上风电项目开发建设。推进海上风电制氢技术，探索发展绿氢产业。支持珠三角核心区科研机构建设省级乃至国家级海上风电创新平台，开展产业决策咨询、勘察设计技术研究、试验检测技术研究、海上升压站、施工平台技术研发、运行维护大数据等工作。鼓励相关企业参与制订国家海上风电等新能源行业相关技术标准，为新能源行业发展建设提供技术支撑和服务。

二是促进装备制造业做强做大。加快形成以海上风电机组整机制造、钢结构加工和海工装备制造为中心的高端装备制造产业集群。支持珠三角核心区骨干风电机组设备制造、钢铁、船舶制造、大型钢构企业做大做强。以整机制造带动零部件产业发展，提高风电机组发电机、叶片、齿轮箱、大型铸锻件和焊接件等关键零部件的制造能力，加强控制系统、逆变系统设备研发制造。全面提升海上风电机组塔筒、基础钢结构、附属海工钢构、海上升压站系统集成、专用施工船机和运维船舶等的制造水平。

三是完善开发服务体系。鼓励珠三角核心区风电装备制造骨干企业、风电开发企业、研究设计单位、海工装备和施工企业加强合作，构建产业联盟，打造服务平台，形成系统合力，共同推进海上风电开发，形成行业全产业链发展。完善人才培训体系，发展风电建设服务队伍。支持相关设计研究机构做优、做强海上风电咨询设计研究平台，为海上风电开发项目业主提供一站式综合服务。

7.4.5 率先探索发展海洋蓝碳产业

一是构建蓝碳的监测与核算体系。开展珠三角核心区蓝碳储量调查，在此基础上，合理设计有关珠三角核心区蓝碳调查评估和监测体系，构建蓝碳全生命周期的价值实现途径。

二是建立健全蓝碳产品价格形成机制。探索建立珠三角核心区蓝碳评价方法，作为蓝碳资源成本收益的计算工具。在珠三角核心区培育生态系统服务评估机构。探索明晰蓝碳资源的产权归属、流转方式、收益与责任分担机制。建立"产权界定－价值评估－市场构建－价格形成－权属交易－多元补偿"全链条模式，推动蓝碳产品价值实现。开展蓝碳交易试点，完善蓝碳产品市场定价方法，健全蓝碳产品的价格形成机制。

三是畅通蓝碳发展绿色金融渠道。基于珠三角核心区的金融优势，探索蓝碳投资融资体系。基于政府与社会资本合作的框架，积极引入 PPP 模式以扩大公共服务供给能力。开展蓝碳产品抵押融资等业务，引导港交所、深交所等对蓝碳产品及项目的融资倾斜，有序发展蓝碳期权、蓝碳租赁、蓝碳债券、保险、基金等金融产品。

7.5 推动海洋金融支持海洋经济发展

7.5.1 海洋金融助力核心区海洋六大产业发展的模式和路径

7.5.1.1 海洋战略性新兴产业的金融发展需求

珠三角核心区内，因港澳两地着重于海洋港口、海洋高端服务业发展，而广东省正重点发展海洋电子信息、海上风电、海洋高端智能装备、海洋生物医药、天然气水合物、海洋公共服务等海洋六大产业，努力打造现代海洋战略性新兴产业体系。因此，这里着重分析广东省提出的海洋电子信息、天然气水合物等海洋战略性新兴产业发展的金融需求。上述海洋战略性新兴产业处于从初级阶段向拓展阶段发展过程，产业门类比较多，发展阶段不齐，产业经济技术特点不一，产业组织方式不同，融资需求特点各异，资金需求巨大。传统融资方式如担保贷款、商业信用、自筹资金等远远不能满足海洋战略性新兴产业的高密度资金需求，企业上市和债券融资因程序烦琐、限制较多，一般企业无法企及。而现有的金融支持体系也不能满足海洋战略性新兴产业进一步发展的需求，缺少与海洋战略性新兴产业相配套的特色金融服务体系，如缺少海洋保险公司和海洋战略性新兴产业投资基金等。

7.5.1.2 金融支持海洋战略性新兴产业的模式

珠三角核心区海洋六大战略性新兴产业都属于技术密集型和资金密集型产业，创业初期具有高投入和高风险的特征。在产业初期，资金需求量大，技术风险和市场风险等不确定性因素多，加上自身缺乏有效的实物抵押品，很难获得稳定的、大额的银行信贷支持。因此，总的来看，较适合具有高风险偏好的股权融资，以及追求长期回报的产业投资基金。海洋六大战略性新兴产业发展的重点环节主要包括技术研发和产业化。技术研发属于技术与资本的双重高度密集，除技术上不确定性高，技术风险突出外，投资大，资金回收慢，向银行提供有效资产抵押等担保方式很难，难以符合银行信贷条款。因此，技术研发环节更适于运用风险偏好型的股权融资模式。创业期阶段，经营收入不稳定，容易破产。由于风险高，风险投资不愿介入，该阶段的资金来源大致为自有资本、民间借贷融资、创业投资基金、风险资本。在融资模式创新方面，珠三角核心区各地市政府可"先试先行"，通过政府工程等手段创造有效需求，还可设立创业投资基金，以贴息、无偿资助、资本金投入等方式支持，并引导社会资金投入。产业化阶段是技术研发取得突破后的市场推广阶段，固定资产投资以及营运资金需求量大。因此，产业化阶段的企业更适合于采用银行信贷等债权融资模式。海洋新兴产业企业进入产业化阶段，有较好的精加工、深加工基础，发展前景明朗，风险有所降低，开始吸引风险投资，但自有资本仍是股权融资的主要方式。其融资模式大致为自有资本、风险资本、融资租赁、产业投资基金和企业集合债券。

7.5.1.3 助力海洋六大新兴产业发展的海洋金融路径

一是大力发展多种形式的海洋战略新兴产业投资基金。

建议创业投资基金作为引导基金，由政府投资平台主导并联合其他投资机构共同募集设立。创业投资基金要充分发挥好股权投资在风险投资和创业投资领域的引领作用，可考虑以海洋电子信息、海洋高端智能装备、海洋生物医药等领域企业为重点，投放在关键技术的研发应用上和风险高的成长型企业。

组建产业投资基金，发展私募股权投资是建立区域性直接融资机制的重要手段，也是充分吸纳民间资本投资海洋战略性新兴产业，培育和支持海洋新兴产业发展的有效途径。各级政府应通过设立引导基金，和国内外著名的股权投资管理机构合作，引入私募股权投资和风险投资，组建一系列海洋产业发展基金，包括海洋战略性新兴产业发展基金，主要投资规模以上、成长性、拟上市的海洋经济企业；新兴产业风险投资基金，主要投资海洋电子信息、海洋高端智能装备、海洋生物医药、天然气水合物、海洋公共服务等海洋新兴产业的种子期和初创期企业。另外，建立企业上市引导基金，在企业的改制、重组、上市准备阶段，给予企业相应的资金支持。

在依法合规前提下，支持粤港澳三地机构共同设立珠三角核心区六大海洋战略性新兴产业发展的相关基金，支持保险资金、银行理财资金按规定参与相关基金。吸引内地、港澳地区及海外各类社会资本，为珠三角核心区六大海洋战略性新兴产业基础设施建设、现代产业发展和重大项目建设提供资金支持。

二是提高直接融资及专项资金比重。

着力推动企业上市和发行债券融资。目前，上市融资仍是我国企业利用资本市场的主渠道，珠三角核心区各地市政府应进一步加大工作力度，系统地梳理拟上市企业队伍，加快上市企业的 IPO 申报和重组工作，充分利用国内主板、中小板、创业板市场、新三板市场和国际市场。同时，鼓励中小企业积极挂牌，实现股份流通并为上市融资创造条件；同时，积极鼓励企业通过发行企业债、中短期票据、中小企业集合债融资，特别是支持中小企业通过发行私募债融资获取长期发展资金。同时，股权投资基金可偏重于海洋电子信息、海洋高端智能装备、海洋生物医药、天然气水合物等领域。另外，建立海洋战略性新兴产业企业上市引导基金，在企业的改制、重组、上市准备阶段，给予企业相应的资金支持。

三是进一步加强信用担保体系建设。

完善海洋战略性新兴产业担保风险分散机制。一是建立担保机构与贷款的银行共担风险机制。一般来说，银行承担风险的 20% 左右，担保公司承担风险的 80% 左右。二是设置反担保。具体做法是担保机构要求受保企业提供反担保措施。三是建立风险补偿机制，增强担保机构的抗风险能力，按照"政府出资、政策引导、有效监管、市场运作"通过再担保与担保的联动与协作，为融资性担保机构提供增信、风险服务，补偿担保机构因对海洋战略性新兴产业发展项目实施担保产生的部分风险损失。

四是加强政策性金融支持海洋战略性新兴产业。

建立商业金融与政策性金融并举的现代海洋金融体系，是优化海洋资源配置、推动海洋经济发展的重要手段。通过海洋政策性金融支持一批重点项目、建设一批海洋经济示范园区、实施一批创新试点，重点支持海洋战略性新兴产业培育壮大。通过完善利率定价机制、优化贷款期限设定，开展贷款模式创新、推动风险补偿机制建立，加强海洋投融资公共服务、搭建综合服务平台。在项目组织与实施方面，通过加强项目储备，建立"海洋政策性金融支持海洋经济重点项目库"；通过调研、政策指导等方式，共同推进项目贷款落地。

五是扩大珠三角核心区保险业开放。

在珠三角核心区设立外资保险集团、再保险机构、保险代理和保险公估公司。鼓励更多社会资本在珠三角核心区内设立保险法人机构，支持保险公司建立资产管理、营运、研发、后援服务、数据信息等总部。鼓励珠三角核心区的保险机构针对六大海洋战略性新兴产业开展保险业务。海洋工程装备产业、海洋电子信息产业等风险较高，针对性地开展保险业务，促进保险行业和实体海洋战略性新兴产业发展。

7.5.2 海洋金融推动核心区海洋传统产业转型升级的模式和路径

7.5.2.1 海洋传统产业的金融发展需求

珠三角核心区的海洋传统支柱产业主要有海洋交通运输业、海洋渔业以及海洋旅游业等。海洋交通运输业的转型升级方面亟须金融支持，用以解决珠三角核心区内各港口基础设施发展水平不均衡、完善港口一体化运输网络、提高港口群协同治理能力以及港口服务能力等。海洋渔业的转型升级方面，亟须金融支持以推动海洋科技、信息化与现代水产养殖深度融合，加快漂浮移动式海上风力发电、海洋、牧场、深海网箱等深度融合，大力开发远海海洋牧场，使海洋渔业向深海化、信息化、数字化、自动化、环保化发展。同时也需要金融支持来加大对红树林、珊瑚礁、滨海湿地，以及产卵场、索饵场、越冬场、洄游通道等重要水域的保护力度，因地制宜地采取红树林栽种、建设人工鱼礁等保护与修复措施，重点保护水深 20 米以浅海域重要海洋生物繁育场，逐步恢复重要近岸海域的生态功能。海洋捕捞业则需金融支持以推动各城市渔船"以木改钢"，建造更多的新型钢质、玻璃钢质渔船、远洋捕捞渔船。海洋旅游业转型升级方面需要金融支持以提高珠三角核心区海洋旅游业一体化发展水平[98]、增加高等级滨海景区与高端滨海休闲度假酒店数量、促进海洋低碳旅游发展。

7.5.2.2 金融支持海洋传统产业转型升级的模式

关于海洋交通运输业的融资模式。海洋交通运输业包括港口、航运、物流及其增值服务业等。港口基础设施、防淤工程耗资大、疏浚维护负担重成为港口发展的关键，可以通过政策性银行加大对港口基础设施贷款的额度及还款周期方面的政策倾斜。还可以通过商业银行组建港口、航运等金融服务中心或特色专营机构以加强对海洋交通运输业的信贷资金支持。此外，可以通过加快发展海洋水产品运输保险、航运险、仓储险、船舶强制保险、船舶责任保险、海洋巨灾保险和海洋环境责任险等创新型保险产品服务于海洋交通运输业发展。

关于我国海洋渔业的投融资模式，依据企业规模、性质和所处领域不同存在较大差异。远洋渔业以国有企业为主，其融资主要依靠自有资金、银行贷款和股票融资，相比其他行业，银行贷款所占比重较低，内源性融资比重较高；在近海捕捞业和海水养殖业中，以中小民营企业和个人居多，融资来源主要包括自有资金、小额信贷和民间借贷，其中自有资金居主导地位。目前，海水养殖业主要以"小农式"经营为主，生产规模小，抵御风险能力弱，生产利润水平总体较低。这决定了海水养殖业融资模式主要以内源融资为主，外源融资主要为民间拆借、民间租赁融资、渔船抵押、小额信贷等方式，但均只能解决短期内的资金需求。海水养殖业发展不仅涉及渔民的就业增收和社会稳定，也关系到海洋生态环境的平衡和渔业资源的良性利用。通过政策性银行（如农发行）向海水养殖企业提供长期低息或无息信贷资金；建立涉海产业发展基金，如渔业基金、渔船资本化基金等，为海洋渔业提供贴息贷款；商业银行以优惠利率和分期偿还的形式向购买或改建渔船、购买鱼类加工设备及其他涉海产业活动提供贷款，海域使用权抵押贷款业务，加大对以海域使用权为质押的滩涂和海水养殖的融资支持；此外，还可以积极组织中小养殖企业发行集合债券；有效运用风险投资、渔业担保和巨债保险等手段，增强海洋渔业捕捞和养殖项目的融资能力。

关于海洋旅游业融资模式。珠三角核心区的海洋旅游业已经成为最具潜力和活力的支柱产业之一。从发展趋势来看，发展海上旅游，发展多元化休闲度假旅游是未来滨海旅游发展的主要方向，但我国海洋旅游产业普遍存在着同质化问题。因此，海洋旅游业应该提升到高端海洋旅游产品和新业态旅游开发上，如打造国际邮轮码头、游艇基地等，这些项目的开发投资具有明显的"高投入、高风险"的特征，特别是邮轮、游艇等高端海上旅游开发项目集旅游、影视、商务、娱乐、专业交流等功能为一体，将是把海洋风光和海洋文化串在一起的最好载体，需要有较大的资金投入和市场开发能力。在创新投融资方面，可采用经营权等质押贷款。海洋旅游企业特别是邮轮企业通过上市、发行债券和中期票据、合资等方式融资。

7.5.2.3 金融支持海洋传统产业转型升级的路径

一是加大对海洋传统产业初始资金的投入。

政府要加大对海洋传统产业初始资金的投入、完善海洋金融体系、健全相关海洋金融的法律法规、处理好金融机构与海洋企业之间存在的信息不对称等方面的问题，为金融机构与海洋企业搭建合作平台，发挥政府统筹协调的作用，解决海洋金融存在的失灵问题。同时，要加大政府对海洋传统产业转型升级的财政补贴和税收优惠，对公共金融资源进行合理配置，鼓励信贷资源进行优化配置，从而对海洋产业投资结构进行调整和引导，对海洋金融体系进行有效的审慎监管以控制金融风险。

二是建立专门的政策性金融机构。

建立专门的政策性金融机构，为海洋产业转型升级发展提供资金支持。政策性金融机构专门对传统海洋产业整个产业链发展提供全方位、立体化的服务，包括产业发展研究、开发运营、风险控制等，为整个海洋产业链提供金融服务；扩大政策性银行的贷款对象。国有企业和大型涉海民营企业比较容易获得贷款，中小企业则比较难从政策性银行获得贷款，由于涉海中小企业更迫切需要低息的中长期贷款来解决资金短缺、融资难等问题，政策性银行可以利用政府设立的海洋经济信贷专项资金或者涉海中小企业信贷专项资金等形式对海洋渔业基础设施和海洋交通基础设施建设、传统海洋产业转型升级重大项目、产业链企业、渔民等不同主体，给予针对性支持，加大对涉海中小企业和渔民的支持力度，优化信贷结构，推动传统海洋经济全面、健康、高质量转型升级与发展。

三是鼓励商业性银行设立海洋经济金融服务事业部。

政府应鼓励有条件的商业性银行设立海洋经济金融服务事业部，依法合规组建港口、航运、滨海旅游、海洋渔业等金融服务中心或特色专营机构，加大海洋传统产业的贷款审批额度，加快海洋传统产业的贷款审批速度，以鼓励商业银行对传统海洋产业的信贷资金支撑，为海洋交通运输业、海洋渔业与海洋旅游业的转型升级提供专业化服务。鼓励商业银行尝试扩大抵押物范围，鼓励海洋产业开展产权抵押、海域或无居民海岛使用权抵押、海洋专利技术抵押等方式金融融资，积极稳妥推动在建船舶、远洋船舶抵押贷款，推广渔船抵押贷款，发展出口退税托管账户、水产品仓单、排污权、应收账款及码头等涉海资产抵质押贷款业务。鼓励采取银团贷款、组合贷款、联合授信等模式，支持海洋渔业基础设施建设、海洋交通基础建设和传统海洋产业的重大项目。

四是提高海洋传统产业的股权、债券融资能力。

股权融资方面，积极支持符合条件的优质、成熟涉海企业在主板、创业板、中小板市场上市。探索建立海洋部门与证券监管部门的项目信息合作机制，加强中小涉海企业的培育、筛选和储备。债券融资方面，支持成熟期优质涉海企业发行企业债、公司债、非金融企业债务融资工具。鼓励中小涉海企业发行中小企业集合票据、集合债券，支持符合条件的涉海企业发行"双创"专项债务融资工具和创新创业公司债券。对运作成熟、现金流稳定的海洋项目，探索发行资产支持证券。加大绿色债券的推广运用，以可持续发展为核心理论，以绿色债券规则经验作为制度参考，在绿色债券市场基础上逐步推动探索发展蓝色债券。

五是创新发展多样化的海洋保险产品。

设立专业海洋保险公司，探索设立航运保险协会、航运交易所，推动保险资源、平台向珠三角核心区聚集，鼓励已有保险公司设立"海洋保险部"，并对涉及海洋保险业务的保险公司加大财政补贴力度。鼓励多家保险公司互助合作共同承担传统海洋产业转型升级项目，通过风险分担、利润共享的制度设计，同时规范发展各类互助保险，为海洋行业提供风险保障和对各自涉海保险公司的风险分散，提高珠三角核心区海洋产业保险覆盖率，同时不断创新海洋保险产品。设立珠三角核心区保险投资基金，并下设传统海洋产业发展专项子资金，专门投资建设珠三角核心区内港口码头、渔业码头等基础设施以及绿色休闲渔业、低碳滨海旅游、航运管理与交易等产业。鼓励保险公司设立专业保险资产管理机构，利用保险资金设立海洋产业投资基金，鼓励保险投资基金加大对传统海洋产业转型升级重大项目和工程的投资力度。

六是加快海洋金融平台建设。

积极谋划建立并完善现代海洋金融服务体系，加快珠三角核心区金融政策落实力度，指导珠三角核心区金融机构改进完善海洋经济发展金融服务。以"互联网＋海洋金融"新业态为支点，加快海洋金融平台的建设、提升海洋金融服务效率与服务水平。以海洋金融科技支持蓝色经济发展为主题的金融改革创新，集中优势资源先行先试。建立集港口、航运、物流、金融、中介服务于一体的珠三角核心区国际航运信息系统，推动航运金融发展。

8 / 结论与展望

8.1 研究结论

8.1.1 主要结论

对珠三角核心区 2019 年的 11 个城市海洋经济高质量发展指数进行测算，根据得分及排名情况来看，总体得分排名前三的城市分别是深圳、广州和珠海；紧接着是香港、惠州、东莞、中山、澳门、佛山；排名后两位的城市是江门和肇庆。其中，深圳在海洋科技创新能力方面排名第一，广州在海洋经济发展和海洋生态文明子系统中排名第一，珠海的海洋资源利用效率最高，香港凭借四通八达的交通枢纽能力和较高的国际化水平，在海洋开放水平上排名第一。因此，珠三角核心区内 9 个城市及港澳，在资源、经济、产业、科技、开放、生态等方面各自有独特优势和发展基础。针对各市海洋经济优势和特色各异，内部发展不平衡性的问题，亟须整合湾区内海洋资源，提升珠三角核心区海洋经济发展合作机制效能，在科技创新、产业生态化发展、资源利用、生态产业化、多层次金融支持等方面推动区域协同发展尽快形成湾区发展新格局，优化珠三角核心区在发展海洋经济过程中各地资源配置。

科技创新可以从存量提升、增量培育、流量更新等机制对海洋产业生态化发展产生作用。目前，在科技创新的带领下，广东省重点发展的海洋六大产业已经向设计理念绿色化、资源能源消耗减少、运营成本降低等目标迈进，初步展现了生态化发展的趋势。但在此过程中，仍存在政策指导力度不足、核心科技制约突出、生态化建设成本较高等问题。因此，需要着力从陆海产业融合发展、传统产业与新兴产业融合发展、推动产业集群发展等方面进一步提升科技创新在推动海洋产业生态化发展方面的影响力。

自然资源是海洋经济发展的重要支撑要素。珠三角核心区在建设过程中，已经通过区域规划、行政协议、环保工程等多种方式开展了珠三角核心区环境合作治理。但总体来看，珠三角核心区海洋资源开发与管控面临着海洋资源开发水平较低、创新主体不足、资源利用区域不均衡、资源开发同质化问题突出、资源配置有待优化、资源开发存在制度性障碍等问题。因此，广东在推动珠三角核心区海洋资源高质量开发与管控时，要注意通过构建海洋资源动态立体监测网络全面掌握资源家底。在此基础上，从建设珠三角核心区海洋资源数据库、健全海洋资源资产产权体系、建立海岸线集约高效利用机制、强化海洋生态环境保护、健全法律法规规范海洋资源利用等方面着手，形成促进珠三角核心区高效利用海洋自然资源的政策组合拳。

生态产业化发展是当前海洋经济发展的一个重要方向，也是贯彻"绿水青山就是金山银山"理论的重要着力点。近年来，生态产业作为珠三角核心区海洋产业发展布局的重要环节，其发展已初具规模。在生态渔业和生态旅游方面，已形成具有生态属性的产品和服务，生态产业化发展模式基本形成；在海上风电等新能源领域，处于生态产业化的中间阶段；在蓝色碳汇、岸线占补等领域，正在探索生态资源转化为生态资产的实现路径。但总体来看，也存在着海洋生态综合管理能力有待提升、海洋环保力度有待增强、海洋生态服务体系不够健全等问题。为进一步推动珠三角核心区海洋生态产业发展，应推动海洋生态渔业、生态旅游、生物医药、新能源和蓝碳产业发展。

现代化多层次金融是推动海洋经济高质量发展的重要因素。党的十八大以来，《关于开展开发性金融促进海洋经济发展试点工作的实施意见》《关于农业政策性金融促进海洋经济发展的实施意见》以及《广东省海洋经济"十三五"规划》《广东省海洋经济"十四五"规划》等政策和规划文件相继发布实施，有力支持了金融要素向海洋经济领域倾斜。但总体而言，目前珠三角核心区金融支持能力尚不能够充分满足海洋高质量发展的需求。为此，应该从加大财政资金支持、优化银行信贷力度和结构、探索发展蓝色债券、创新海洋保险产品、完善现代海洋金融服务体系等方面推动六大海洋战略新兴产业和传统产业升级发展。

8.1.2 创新之处

本课题的创新点主要体现在以下 3 个方面：

（1）构建了具有珠三角核心区特色的海洋经济高质量发展评价指标体系、发展指数和技术指南

综合现有海洋强国、海洋强省、经济高质量发展、珠三角核心区建设等方面的理论研究和工作实践，初步归纳了珠三角核心区海洋经济高质量发展应具备的几点特征，并基于此初步设计了能够反映珠三角核心区海洋特色的海洋经济高质量发展评价指标体系、高质量发展指数，并以此为基础编制了基于湾区视角的海洋经济高质量评价技术规范文件，为国家各级政府和自然资源管理部门科学评价珠三角核心区建设情况、制定推动海洋经济高质量发展的政策措施提供了科学依据、政策参考和工作抓手。

（2）从产业生态化和生态产业化发展两个维度，初步研究了科技引领海洋产业生态化发展以及海洋产业生态化发展的现状、问题及对策，有利于保护珠三角核心区内海洋自然资源和生态环境，也有利于增进珠三角核心区人民的民生福祉，满足珠三角核心区人民对美好生活的向往，为推动珠三角核心区海洋经济高质量发展过程中进一步贯彻落实习近平生态文明思想、构建新时代生态经济体系提供了良好的理论基础和实践参考。

（3）探索了跨区域不同体制下海洋金融合作政策

在总结世界湾区发展海洋金融经验基础上，基于珠三角核心区内"一国两制"的差异性制度背景，结合香港、深圳世界金融中心优势，探索广东省在珠三角核心区内实现跨区域海洋金融合作的路径安排，为跨区域海

洋金融合作提供了理论依据和政策参考。

8.1.3 存在不足

本研究虽然取得了一定的研究成果，但由于部分项目研究内容属于国内国际前沿领域、项目组成员相关理论基础不够深厚等多种主客观原因，造成项目组在开展调研、资料搜集、理论分析等方面，与项目申报时的研究设想和成果存在一定距离，如在指标评价体系构建方面，未能与国内知名指数研究机构进行交流探讨；在实地调研走访座谈方面，未能按照预定计划到挪威以及国内其他先进区域进行调研并进行深入地资料整理、比较和分析；在进行学术交流时，大部分采用线上会议形式，实际效果明显不如线下会议等。

8.2 工作展望

结合国家、广东省在推动海洋经济发展方面的决策部署以及本研究研究内容，下一步可重点开展以下几个方面的工作。

一是从理论研究的视角，可在现有研究成果《珠三角核心区海洋经济高质量发展评价技术指南》的基础上，积极申报地方行业标准规范制定项目，力争推动地方行业标准立项和发布实施。

另外，进一步理解科技在推动海洋产业生态化发展、海洋生态产业化发展、海洋金融推动海洋经济高质量发展等方面的作用机制，结合《广东省海洋经济发展"十四五"规划》中提出的建成四类海洋经济高质量发展示范区的要求，找准当前珠三角核心区有关地市在上述方面的突出亮点，为其申报不同类别的海洋经济高质量发展示范区献智献策。

二是从实践工作的角度，在本研究成果的基础上，广东省可重点从继续推动海洋六大产业生态化发展、海洋资源本底调查及管控、海洋生态产品价值实现、海洋金融助力海洋经济发展等方面完善政策支持体系，形成有效政策"组合拳"，促进珠三角核心区海洋经济高质量发展。

参考文献

［1］武义青，史如海，郜明信.经济增长方式的界定［J］.管理现代化，1996（4）：27–29.

［2］钟学义，陈平.技术，技术进步，技术经济学和数量经济学之诠释［J］.数量经济技术经济研究，2006（3）：156–161.

［3］彭德芬.经济增长质量研究［M］.武汉：华中师范大学出版社，2002.

［4］马建新，申世军.我国电力消费增长的因素分解与实证［J］.统计与决策，2007（12）：77–79.

［5］任保平，邹起浩.新经济背景下我国高质量发展的新增长体系重塑研究［J］.经济纵横，2021（5）：74–842.

［6］刘鹤.必须实现高质量发展［N］.人民日报，2021–11–24（06）.

［7］ZHANG C，KONG J. Effect of Equity in Education on the Quality of Economic Growth: Evidence from China［J］. International Journal of Human Sciences, 2010, 7（1）: 47–69.

［8］MEI L，CHEN Z. The Convergence Analysis of Regional Growth Differences in China: The Perspective of the Quality of Economic Growth［J］. Journal of Service Science and Management, 2016, 9（6）: 453–476.

［9］THOMAS V. et al. The Quality of Growth［M］. Oxford: Oxford University Press, 2000.

［10］BARRO R J. Quantity and Quality of Economic Growth［R］.Working Papers from Central Bank of Chile, United States, 2002.

［11］QI J. Fiscal Expenditure Incentives, Spatial Correlation and Quality of Economic Growth: Evidence from A Chinese Province［J］. International Journal of Business and Management, 2016, 11（7）: 191–201.

［12］Eriksson R. Moilanen H. Towards fluid territories in European spatial development: regional development zones in Finland［J］. Environment and Planning C: Government and Policy, 2011, 29（4）: 728–744.

［13］Zahra Jalili, Mohammad Reza Salmani Bishak, Mohammad Ali Motafakker Azad, et al,. Resource–Economic Growth Nexus, Role of Governance, Financial Development, Globalization, and War［J］. Journal of Economic Integration 2019, 34（3）.

［14］林兆木 . 经济高质量发展要义几重?［J］. 中国生态文明, 2018（1）: 86.

［15］袁晓玲, 李彩娟, 李朝鹏 . 中国经济高质量发展研究现状、困惑与展望［J］. 西安交通大学学报（社会科学版）, 2019, 39（6）: 30–38.

［16］余泳泽, 胡山 . 中国经济高质量发展的现实困境与基本路径: 文献综述［J］. 宏观质量研究, 2018, 6（4）: 1–17.

［17］张占斌 . 扭住第一要务 实现高质量发展［N］. 经济日报, 2018–12–27.

［18］林兆木 . 我国经济高质量发展的内涵和要义［J］. 西部大开发, 2018（Z1）, 111–113.

［19］郭占恒 . 推动高质量发展的深刻背景和政策取向［J］. 浙江经济, 2018（2）: 32–35.

［20］张立群 . 坚持稳中求进稳步迈进高质量发展新时代——2017—2018 年经济形势分析与展望［J］. 中国党政干部论坛, 2018（1）: 58.

［21］叶初升 . 中等收入阶段的发展问题与发展经济学理论创新——基于当代中国经济实践的一种理论建构性探索［J］. 经济研究, 2019, 54（8）: 167–182.

［22］何可 . 全国人大代表徐莹建议加快建立高质量发展指标体系［N］. 中国质量报, 2018–03–20（2）.

［23］徐瑞慧 . 高质量发展指标及其影响因素［J］. 金融发展研究, 2018（10）: 36–45.

［24］邵逸超 . 质量发展指数评价指标体系研究［J］. 管理观察, 2018（35）: 93–94.

［25］李金昌, 史龙梅, 徐蔼婷 . 高质量发展评价指标体系探讨［J］. 统计研究, 2019, 36（1）: 4–14.

［26］马福云, 张林江 . 以高质量发展指标体系助推经济转型［N］. 中国经济时报,

2018–07–25（005）．

［27］宋潞平．高质量发展指标体系构建、测算与对比研究［J］．无锡职业技术学院学报，
2019，18（01）：53–55，59．

［28］丁黎黎．海洋经济高质量发展的内涵与评判体系研究［J］．中国海洋大学学报（社
会科学版），2020（3）：12–20．

［29］DONATI STEFANO D. Biodiversity protection and sustainable management of coastal
areas: The Marine Protected Area of Egadi Islands［J］. Isim Review, 2015, 44（3）:
781–789.

［30］SAID A, CHUENPAGDEE R. Aligning the sustainable development goals to the small–
scale fisheries guidelines: A case for EU fisheries governance［J］. Marine Policy,
2019, 107（SEP.）: 103599.1–103599. 7.

［31］刘康．创新发展路径推进我国海洋经济高质量发展［J］．民主与科学，2020（1）：
41–43．

［32］史旻．我国海洋经济高质量发展水平评价［D］．哈尔滨：哈尔滨工业大学，2020．

［33］李博，庞淑予，田闯，韩增林．中国海洋经济高质量发展的类型识别及动力机
制［J］．海洋经济，2021，11（1）：30–42．

［34］高曦．海洋经济高质量发展的对策研究［J］．经济师，2020（12）：30–31．

［35］闫永路．加快推动海洋经济高质量发展［N］．河北日报，2018–05–11（007）．

［36］迟泓．加快培养海洋新兴产业推动海洋经济高质量发展［N］：中国海洋报，
2018–09–27（002）．

［37］王波，文艳，闫金玲．广西向海经济发展的基础与路径选择研究［J］．中国海洋
经济，2018（2）：137–152．

［38］黄英明，支大林．南海地区海洋产业高质量发展研究——基于海陆经济一体化视
角［J］．当代经济研究，2018（9）：55–62．

［39］张远军．金融支持海洋产业发展［J］．中国金融，2015（23）：70–71．

［40］张玉洁，徐丛春，赵鹏．新常态下金融支持海洋经济发展的合作机制及对策研
究［J］．海洋经济，2016，6（5）：13–18．

［41］胡金焱，赵建．新时代金融支持海洋经济的战略意义和基本路径［J］．经济与管
理评论，2018，34（5）：12–17．

［42］林柏成，周存兴．大力发展海洋金融，助推海洋经济发展迈新高［N］．钦州日报，

2018-07-06（002）.

［43］魏伟，蔡凌楠.粤港澳湾区三大金融中心的错位发展［J］.开放导报，2018（4）：
109-112.

［44］王景武.深化粤港澳大湾区金融合作［J］.中国金融，2018（14）：47-48.

［45］胥爱欢，刘爱成.金融支持我国海洋经济发展的主要做法及启示——以粤鲁闽浙
为例［J］.海南金融，2019（2）：9-16.

［46］商婷婷.海洋经济发展的金融支持对策研究［J］.海峡科学，2019（1）：49-51.

［47］刘璟.粤港澳大湾区经济高质量增长的路径选择研究［J］.经济论坛，2021（2）：
43-51.

［48］傅京燕，刘映萍.绿色金融促进粤港澳大湾区经济高质量发展的机制分析［J］.
环境保护，2019，47（24）：36-38.

［49］曾懿粲.绿色金融促进粤港澳大湾区经济高质量发展的机制分析［J］.山西农经，
2021（12）：175-176.

［50］张如玉.对"粤港澳"珠三角核心区经济发展路径的探微［J］.时代金融，
2019（2）：8-9.

［51］张元芳."粤港澳"珠三角核心区经济发展路径研究［J］.品牌研究，2018（4）：
108-110.

［52］梁育民，邱雪情.以海洋文化促海洋经济发展——广东参与粤港澳大湾区海洋经
济发展的路径探究［J］.环渤海经济瞭望，2018（9）：68-70.

［53］原峰，李杏筠，鲁亚运.粤港澳大湾区海洋经济高质量发展探析［J］.合作经济
与科技，2020（15）：4-6.

［54］向晓梅，张超.粤港澳大湾区海洋经济高质量协同发展路径研究［J］.亚太经济，
2020（02）：142-148，152.

［55］张彦霞，付玉.新发展理念视角下区域经济增长质量综合评价指标体系构建探
究——以粤港澳大湾区为例［J］.广东经济，2021（7）：70-75.

［56］段秀芳，沈敬轩.粤港澳大湾区城市高质量发展评价及空间结构特征分析［J］.
统计与信息论坛，2021，36（5）：35-44.

［57］凌连新，阳国亮.粤港澳大湾区经济高质量发展的评价与靶向路径研究［J］.统
计与信息论坛，2021，36（6）：120-128.

［58］张震，覃成林.粤港澳大湾区经济高质量发展分析［J］.经济体制改革，

2021（03）：39–46.

［59］陈章喜，颛孙冠华.粤港澳大湾区科技创新与经济高质量发展耦合协调研究［J］.云南社会科学，2021（04）：92–100.

［60］凌连新，阳国亮.粤港澳大湾区经济高质量发展的评价与靶向路径研究［J］.统计与信息论坛，2021，36（06）：120–128.

［61］侯黄萍.粤港澳大湾区高质量发展评价指标的构建与影响因素研究［D］.广东外语外贸大学，2020.

［62］中共中央、国务院.粤港澳大湾区发展规划纲要，2019.

［63］中共中央、国务院.横琴粤澳深度合作区建设总体方案，2021.

［64］中共中央、国务院.全面深化前海深港现代服务业合作区改革开放方案，2021.

［65］国务院.广州南沙深化面向世界的粤港澳全面合作总体方案，2022.

［66］广东省人民政府办公厅.广东省海洋经济发展"十四五"规划，2021.

［67］中华人民共和国自然资源部.2021年中国海洋经济统计公报［R］.

［68］中华人民共和国生态环境部.2021年中国海洋生态环境状况公报［R］.

［69］广东省统计局.广东统计年鉴2022［M］.北京：中国统计出版社.

［70］广东省自然资源厅.2021年广东省海洋经济发展报告［R］.

［71］向晓梅，吴伟萍.大力发展粤港澳大湾区海洋经济［N］.南方日报.2019–03–18（A11）.

［72］张继华，姜旭朝.国际海洋经济区建设中的金融支持［J］.山东社会科学，2012（02）：55–59.

［73］朱永安.环境视角下的国际贸易：对绿色壁垒的一项系统研究［D］.复旦大学，2003.

［74］陈伟灿.区域海洋产业升级的金融支持研究［D］.浙江大学，2018.

［75］陈虹桥.21世纪海上丝绸之路背景下的海洋金融研究［D］.广东外语外贸大学，2017.

［76］谌力铭，潘晓乖.新中国海洋金融70年：历程、机遇与展望［J］.中国经贸导刊（中），2020（08）：63–66.

［77］马衍伟.用更加积极有效的财税政策推动海洋经济发展［J］.中国财政，2011（12）：44–45.

［78］武靖州.发展海洋经济亟须金融政策支持［J］.浙江金融，2013（2）：15–19.

［79］金成波，张源．发展海洋保险助推海洋经济［N］．经济日报，2016-09-19（011）．

［80］杨涛．发展海洋经济亟待补上金融"短板"［N］．中国经济导报，2014-05-10（B01）．

［81］安虎贲，杨帆，杨宝臣．环渤海经济圈金融发展与海洋经济发展的相互作用机制［J］．技术经济，2014，33（12）：109-113．

［82］周昌仕，郇长坤．涉海产业企业融资效率及影响因素测评研究——基于DEA随机效应模型的经验数据［J］．中国海洋大学学报，2015（2）：13－19．

［83］许林，赖倩茹，颜诚．中国海洋经济发展的金融支持效率测算——基于三大海洋经济圈的实证［J］．统计与信息论坛，2019（3）：64-74．

［84］何晶，姜雪燕．金融发展对浙江省海洋产业结构优化的影响［J］．经营与管理，2012（6）：118-121．

［85］邢苗．金融发展对海洋产业结构优化的影响——以山东省青岛市为例［J］．人民论坛，2014（35）：229-231．

［86］曾岚婷，林文．沿海地区海洋产业、经济增长以及金融发展的实证研究［J］．福建师大福清分校学报，2017（03）：29-35．

［87］阳立军．浙江舟山群岛新区海洋经济与蓝色金融发展研究［M］．北京：海洋出版社，2015：174．

［88］倪庆东，王朋蓬，宫翔宇．金融支持海洋科技创新的思考——以青岛市为例［J］．财会研究，2013（08）：75-77．

［89］杨涛．金融支持海洋经济发展的政策与实践分析［J］．金融与经济，2012（09）：29-36．

［90］申世军．债券市场支持海洋经济发展的几点思考［J］．金融发展评论，2011（03）：110-116．

［91］韩凤芹，田辉．设立国家海洋产业投资基金：理论探讨与实施路径［J］．经济研究参考，2016（63）：9-22．

［92］叶其通．农商银行应着力支持海洋旅游产业发展［N］．农村金融报，2018-05-14（B07）．

［93］王伟，陈梅雪．金融支持海洋产业发展的国际经验及启示［J］．浙江金融，2019（04）：23-28．

［94］Aseres S A, Sira R K.Estimating visitors' willingness to pay for a conservation fund:

sustainable financing approach in protected areas in Ethiopia［J］. Heliyon, 2020, 6（8）: e4500.

［95］Tirumala R D, TiwariP. Innovative financing mechanism for blue economy projects［J］. Marine Policy, 2020: 104194.

［96］Lindland K M, GjerstadB, Krøvel A V, et al. Governing for sustainability in the Norwegian aquaculture industry［J］. Ocean & Coastal Management, 2019, 179: 104827.

［97］Rorholm Niels. Economic impact of marine–oriented activities: A study of the southern New England marine region［R］. University of Rhode Island, Dept. of Food and Resource Economics, 1967.

［98］Jane Lubchenco. The BLUE Economy: Understanding the Ocean's Role in the Nation's Future［N］. Capitol Hill Ocean Week, 2009.